똑 부러지게 핵심만 담은

초등 1학년 학교생활

똑 부러지게 핵심만 담은 초등 1학년 학교생활

초판 1쇄 인쇄 2024년 11월 18일
초판 1쇄 발행 2024년 11월 28일

지은이 김효신
펴낸이 하인숙

기획총괄 김현종
편집 이선일
마케팅 김미숙
디자인 별을잡는그물 양미정

펴낸곳 더블북
출판등록 2009년 4월 13일 제2022-000052호
주소 서울시 양천구 목동서로 77 현대월드타워 1713호
전화 02-2061-0765 **팩스** 02-2061-0766
블로그 https://blog.naver.com/doublebook
인스타그램 @doublebook_pub
포스트 post.naver.com/doublebook
페이스북 www.facebook.com/doublebook1
이메일 doublebook@naver.com

ISBN 979-11-93153-47-5 (03590)

33년 차 1학년 전문 부장교사가 알려주는 초등 입학 준비의 모든 것

똑 부러지게 핵심만 담은

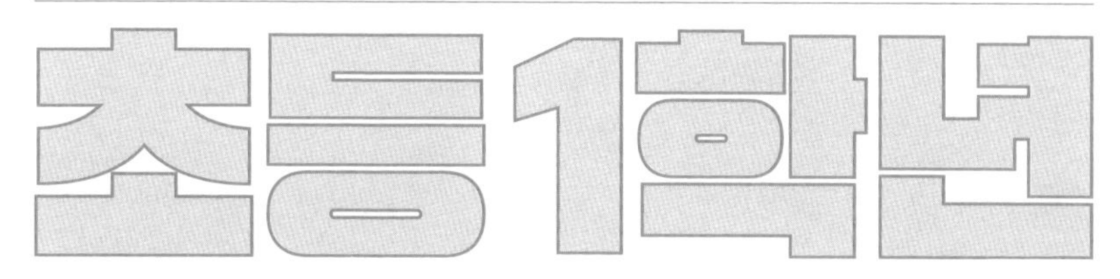

학교생활

김효신 지음

더블북

• 차례 •

프롤로그 _우리 금쪽이 학교 가다 • 07

1장. 우리들은 1학년, 학교생활을 준비해요

예비 소집과 입학 준비 • 13

입학식 그리고 첫 등교 • 24

알림장, 담임과의 소통 방법 • 31

방과후 프로그램 지혜롭게 활용하기 • 37

두근두근, 학부모 상담 • 43

미리 익혀 두면 건강해지는 일상생활 습관 • 49

초등학생의 필수 준비물은 스스로 한다는 마음 • 55

초등학교 첫 방학 • 60

입학 전에 익숙해져야 할 슬기로운 급식 습관 • 68

학부모 모임, 그것이 알고 싶다–학부모회 • 77

학부모 모임, 그것이 알고 싶다–학교운영위원회 • 82

학부모 모임, 그것이 궁금하다–자원봉사활동 • 86

Teacher's diary_다짜고짜 민원 넣기 대신 존중과 대화로 • 90

2장. 우당탕탕, 슬기로운 초등생활

이제 아기가 아니라 학생이에요 · 95

학교가 무서워요 · 101

울지 말고 말해요 · 106

친구 사귀는 게 어려워요 · 113

초등생에게 중요한 건 자신감이에요 · 121

설마, 학교폭력? · 127

사과를 못 하겠어요 · 138

내가 어지른 것은 내가 정리해요 · 142

충분히 쿨쿨 재우세요 · 149

노는 게 제일 좋아요 · 155

시간 관리 능력으로 시간을 벌어요 · 162

슬기로운 스마트폰 생활 · 167

Teacher's diary_선생님, 내 아이 감정 읽어 주셨나요? · 174

3장. 초등학교 공부는 이렇게 해요

공부 의욕 촉진, 아이의 학습 동기부여법 • 181

공부 관심없는 아이 자기주도적 학습법 • 188

책 읽기 즐거움으로 문해력 높은 아이로 • 197

교육과정 개편에 따른 우리 아이 공부법 • 206

초등 국어 공부 • 213

초등 수학 공부 • 235

초등 영어 공부 • 255

초등 과학 공부 • 271

Teacher's diary_카네기식 소통으로 마음을 전해요 • 277

4장. 슬기로운 학부모생활

거짓말하는 아이 • 283

부모를 믿지 못하는 아이 • 292

폭력적인 아이 • 300

게임을 너무 좋아하는 아이 • 305

우리 아이는 똥고집쟁이 • 314

Teacher's diary_회복탄력성, 아이의 정서적 강인함 키우기 • 324

• 프롤로그 •

우리 금쪽이 학교 가다

우리나라 부모는 자녀를 금처럼 귀하게 키워 '금쪽같은 내 새끼'란 표현을 합니다. 하지만 사회 곳곳에서 만나는 뉴스나 가까운 사람들의 이야기 속 아이들은 좋지 않은 의미의 '금쪽이'들이 많습니다.

현재 학교는 금쪽이 학부모의 민원으로 고통받고 있어요. 옛날에는 교장실에 전화해서 항의하는 학부모가 많았다면 요즘은 경찰에 아동학대로 신고하거나 직접적으로 괴롭히는 일이 많아지고 있어요. 2023년에는 선생님을 힘들게 만드는 사건과 죽음이 유독 많아 선생님들의 절박한 호소가 거리에 넘쳐났습니다.

2022년 시도교육청으로 접수된 학교폭력 신고 건수는 6만 3,000여 개라고 합니다. 학교장 종결이 합법적으로 가능해지면서 학교 내에서 끝나는 경우도 많으니 실제로 학교 현장에서 신고하는 것은 훨씬 많겠지요. 학교폭력을 신고하면 맞신고하고 법정까지 가는 경우도 점점 많아지고 있어요. 줄어들지 않는 학교폭력 대책으로 학교폭력 처벌을 받으면 2026학년도부터 생활기록부에 남겨 대학 입시에 반영하겠다는 교육 당국의 발표가 나왔고 나이스 시스템에 학교폭력을 기재하는 탭이 생겨나는 등 변화가 있습니다.

학생이 스스로 때려서 상처가 났는데 아동학대로 신고하고, 아이가 겁을 먹었다고 아동학대로 신고하는 것과 같은 악성 민원이 교권을 침해하는 일이 많아졌어요. 더 걱정되는 것은 학생들이 직접 선생님이나 부모를 아동학대로 신고하거나 성희롱하는 일이 현실이란 것입니다.

세상에 귀하지 않은 사람은 없습니다. 특히 학교에서는 모든 학생이 존중받고 행복하게 지내는 방법을 배우는 곳입니다. 학교는 우리 사회의 내일을 책임지는 역할로, 사회적 관심을 받는 사회적 구성체이기도 합니다. 하지만 요즘의 학교는 그렇지 못해서 슬픈 일이 생기기도 합니다.

교사들의 노력과 교육 당국의 정책만으로 바꾸기는 어려운 것이 현실입니다. 근본적인 변화를 위해서는 학부모의 힘이 필수적입니다.

학교에 대해 부정적인 뉴스를 주로 접하다 보니 새내기 학부모의 마음에는 걱정이 클 겁니다. 이 걱정에 짓눌려 학교에서 생기는 일에 가시를 세우기도 하죠.

'혹시라도?'

이런 불안한 마음이 들면 학교에 보내고도 교문 앞을 지키게 됩니다. 그리고 아이를 만나면 가방을 받으면서 다다다 질문하게 됩니다.

"오늘 누가 너 안 때렸어?"

"선생님이 너 혼내지 않으셨어?"

이런 질문을 하는 부모들에게 이 책은 꼭 필요하다고 생각합니다. 이 책을 통해 우리 아이가 처음으로 가는 학교에서 즐겁게 생활할 수 있도록 마음가짐 준비부터 주변에 일어날 것 같은 작은 이야기를 통해 베일에 싸인 학교에 대한 막연한 불안을 씻어내려고 합니다.

우리 아이가 학교에서 금쪽이가 되지 않도록 미리 알고 가면 좋은 일과 학교에서 해야 할 것을 알려드리고 싶습니다. 실질적인 준비물을 갖추는 방법, 공부시키는 방법, 학교 교육공동체로서 잘 활동하는 방법, 고민되는 우리 아이의 행동을 바꾸어 나가는 방법 등 1학년을 잘 보내는 방법을 이야기하려고 합니다.

"선생님, 우리 아이가 학교에 빨리 가고 싶어 해요. 선생님과 함께 수업하는 게 너무 재미있다고 해요."

긍정적인 메시지가 가득한 학부모의 말은 선생님을 절로 행복하게 만듭니다.

불안감으로 교문을 지키는 것보다 부모의 생각과 학교문화를 근본적으로 바꾸어 나가면 우리 아이가 진정 행복한 표정으로 학교에 다닐 것입니다. 그래야 우리 아이의 1학년을 즐겁게 보내고 앞으로 초등학교생활이 좀 더 신나게 지나갈 것으로 생각합니다.

1장

우리들은 1학년, 학교생활을 준비해요

예비 소집과 입학 준비

취학통지서

취학통지서가 나오면 드디어 아이가 입학한다는 실감이 납니다. 입학을 위한 예비 소집은 대개 12월에서 1월 사이에 있습니다. 취학통지서에 예비 소집일의 정확한 날짜와 시간이 나와 있습니다.

과거에는 모든 취학통지서를 주민센터에서 등기 우편으로 보냈는데 요즘은 온라인으로 신청해서 받을 수도 있습니다. 온라인 발급 방법은 사이트 '정부24(www.gov.kr)'에서 신청하면 됩니다. 해마다 12월 1일에서 2주간 신청을 받는데 이때 신청하지 않으면 등기로 받게 됩니다. 다만 서울시는 취학통지서를 온라인으로 발급하고 제출까지 받고 있습니다. 취학통지서는 예비 소집일에 들고 가야 하니 받으면 잘 보이는 곳에 보관합니다. 혹시 분실했다면 주민센터에 가서 다시 발급받아 가져가야 합니다.

예비 소집일이 되면 아이를 데리고 정해진 날에 학교에 가야 합니다. 아이를 직접 데리고 가는 이유는 아이의 소재 확인과 안전을 확인하기 위해서입니다. 이는 사실상 해당 아동이 우리나라에 있는지 공식적으로 처음 확인하는 일이라 매우 중요합니다. 또한 이를 통해 아동의 실제 소재지를 파악하여 아동학대를 예방할 수 있어 근래에 들어 더욱 강화되었습니다. 앞선 말이 거창하지만 대부분 부모님과 아이는 가볍게 학교를 구경 가는 마음으로 참석하면 됩니다.

만약 취학 예정인 학생 중 그날 참여하지 못할 경우는 해당 학교에 미리 연락해서 갈 수 있는 날을 알려 주어야 합니다. 그렇지 않으면 해당 학교에서는 계속 연락하게 됩니다. 그래도 연락이 안 되면 직접 가정방문을 갑니다. 이 모든 절차는 초등학교가 의무교육이기에 법에 정해져 있습니다. 만약 여러 차례 연락이 닿지 않을 경우, 절차에 따라 경찰과 함께 방문하여 수사 절차를 밟게 됩니다. 이사를 할 예정이거나 학생이 유학 등으로 해외에서 거주하는 경우 꼭 학교에 연락해야 합니다.

1~2월은 학교 때문에 이사를 많이 하는 편입니다. 만약 원하

는 학구에서 취학통지서를 받고 싶으면 그해 10월 1일 전에 이사해야 합니다. 11월에는 취학아동의 명단이 완료되어 학교에 통보되고 신입생의 정원이 확정되기 때문입니다. 물론 취학통지서가 나온 후에도 전학은 가능합니다. 취학통지서를 발급한 학교에 미리 전학 갈 예정임을 알리고 이사 갈 동네의 주민센터에 가서 취학통지서를 다시 발급받으면 됩니다. 일반 전학이라면 바로 전학할 학교로 가면 되지만 입학해야 하는 경우는 새로 발급 받은 취학통지서를 꼭 가지고 해당 학교로 가야 됩니다.

학교에서는 예비 소집일에 오지 않는 학생에게 모두 전화를 걸어 입학 여부를 확인하는 절차를 거치게 되니 전학을 간다면 미리 알려주는 것이 좋습니다.

입학을 기점으로 이미 해외에서 살고 있거나 해외로 가서 살 계획이거나 유학을 보낼 때도 학교에 미리 연락하여 '취학의무 유예 및 면제' 신청을 하여 '정원 외 관리 학생'으로 신고해야 합니다. 그리고 해당 초등학교에서 정기적으로 소재와 안전을 확인할 수 있는 연락처를 제공해야 합니다. 이는 나중에 외국에서 돌아오면 그 학교에 다닐 수 있도록 하는 행정 처리이자 우리 아이의 의무교육을 관리하는 것이기도 합니다.

초등 입학, 한 번 더 체크!

- 취학통지서를 들고 예비 소집일에 아이와 같이 간다.
- 해당 날짜에 못 가는 경우 학교에 미리 갈 수 있는 날을 알린다.
- 이사로 인한 전학 계획은 해당 학교에 미리 알린다.
- 해외 이주로 인해 입학하지 못하면 해당 학교와 연락하여 필요한 조치를 한다.
- 예비 소집일부터 법적으로 정해진 기간까지 연락 두절일 경우 절차에 따라 경찰 수사가 진행될 수 있다.

예비 소집일 풍경

예비 소집의 시작 및 소요 시간은 보통 오후 2~3시 사이 입니다. 학교 선생님들이 서류를 받기 때문입니다. 시작 시각에 딱 맞추어 갈 필요는 없지만 정해진 시간 이내 가도록 노력해야 합니다. 피치 못한 사정으로 늦는다면 교무실로 가서 문의하면 됩니다.

아이에게는 3월부터 다닐 학교를 구경하러 간다고 며칠 전부터 말해 주세요. 입학하는 아이는 무척이나 긴장될 것입니다. 그런데 "학교 가서 까불면 선생님께 혼난다. 혼나면 엄마는 몰라."와 같은 협박은 학교에 대한 부정적인 인상을 줄 수 있어 오히려 좋지 못합니다.

"오늘 우리 시아가 처음 학교에 가는 날이야. 학교에 가는 길에 뭐가 있나 구경도 하고 학교 운동장이랑 건물 구경하러 갈까? 맛있는 것도 먹고."

아이와 손을 잡고 군것질하면서 즐거운 예비 소집일 추억을 만들어주세요. 그러면 입학을 기다리는 아이의 마음에 학교에 대한 긍정적인 부분이 더욱 커질 것입니다.

예비 소집일 전까지 준비할 것은 취학통지서 외에 예방접종 확인이 있습니다. 보건 당국은 단체 활동을 해야 하는 아이들을 위해 예방접종 4종인 'DTaP 5차, IPV 4차, MMR 2차, 일본뇌염(백신 4차 또는 생백신 2차)' 접종을 완료할 것을 권장합니다. 접종할 때 전산 등록을 했다면 예방접종 확인서를 별도로 병원에서 받아올 필요가 없어요. 다만 전산 등록을 못 했을 경우에는 발급이 필요합니다.

예비 소집에 가면 학교에서 안내물이 든 큰 봉투를 하나 줍니다. 학교마다 약간 다르기는 하지만 그 안에는 입학생을 위한 학교생활 안내 자료, 학교생활에 필요한 학생 신상 정보 활용을 동의하는 개인정보 동의서, 학생의 건강 상태와 알레르기, 응급 상황 시 필요한 절차 동의 등을 조사하는 학생 건강 조사 및 응급환자 관리 동의서, 수익자 부담 경비 납부 관련 서류, 학생 기초 조사서, 교육 급여 및 교육비 지원 안내장, 맞벌이 가정인 경우 돌봄 교실에 등록할 수 있는 안내장, 방과후 학교 프로그램 신청 안내장 등이 들어가 있습니다. 받으면 봉투 안을 확인하고 궁금한 점을 그 자리에서 질문하는 것이 좋아요. 작성 중에 궁금한 점이 생긴다면 해당 학교에 문의하면 됩니다.

이 서류들 중 맞벌이 가정을 위한 돌봄 교실 신청에 대해 문의가 가장 많습니다. 학교마다 상황이 다를 수 있지만 많은 학교에서 돌봄 교실에 들어가는 것이 어려운 경우가 많거든요. 유치원 때와 달리 이른 하교 시간은 맞벌이 부모에게는 가장 큰 부담입니다. 안타깝게도 돌봄 교실을 배정 받기 위한 특별한 비법은 없습니다. 다만 가장 기본이자 중요한 점, 학교에서 정한 신청 기간에 신청서를 제출하는 것입니다. 신청서를 제출해야 추첨 대상이 되어서 돌봄 교실에 배정될 가능성이 높습니다. 뒤늦게 돌봄 교실에 들어가려고 하면 자격이 충분해도 정원이 차서 들어갈 수 없습니다. 그러니 신청서를 언제까지 제출해야 하는지 어떤 서류가 필요한지 미리 꼭 점검해야 합니다. 학교에 따라서 돌봄 교실 신청서와 증명 서류를 3월 입학 후에 받는 것이 아니라 1월 말이나 2월에 미리 받기도 하니 날짜 확인은 필수입니다.

방과후 학교는 학교 안에 있는 작은 학원 같은 시스템입니다. 입학하기 전 2월에 프로그램을 신청해야 3월에서 5월까지 3달 동안 참여를 할 수 있습니다. 또 학교에서 가정통신문을 앱이나 문자를 통해 관련된 일정과 정보를 보내는 경우가 많으니, 학교에서 안내하는 관련 앱을 설치하고 연락처를 정확하게 기재했는지 확인합니다.

학생건강조사 및 응급환자 관리 동의서는 알레르기나 천식 등 주의할 필요가 있는 사항을 적어야 하고 혹시라도 학교에서 다쳤을 경우 응급조치를 하는 것에 대해 동의하는 것입니다.

수익자 부담 경비 납부는 현금은 스쿨뱅킹 통장을 사용하고 신용카드로 결제를 원하면 신용카드로 신청하면 됩니다. 급식은 무료이지만 학교생활 중 체험학습을 가는 경비, 우윳값 등이 여기를 통해 이체되고 낸 금액은 연말 정산 때 세금 공제가 됩니다.

예비 소집일이 되면 학교 복도에 간혹 예비 1학년과 예비 학부모가 지나갑니다. 아이의 얼굴에는 신기함과 긴장이 어려있습니다. 신나게 인사하고 도도도 달려가는 아이를 붙잡는 부모의 뒷모습은 희망이 가득 합니다.

입학 전 준비

초등학교에 입학하는 아이가 있는 가정은 1~2월쯤이면 무엇을 준비할지 고민입니다. 초등 준비물에는 크게 입학 전에 미리 사면 좋을 것과 입학 후 담임 선생님의 안내에 맞춰 사야 하는 것이 있습니다. 입학 전에 사야 할 것에는 책가방, 신발주머니, 실내화가 있습니다. 예쁜 디자인의 가방도 좋지만, 다음의 사항을 꼭 고려하길 권장합니다.

책가방은 가방의 지퍼가 잘 열리고 닫히는 것이 좋습니다. 아이가 지퍼를 여닫는 걸 어려워한다면 자석으로 된 똑딱이가 달린 가방도 편리합니다. 그리고 바깥에 물병을 넣을 수 있는 공간이 있어야 실수로 물이 흘러도 알림장이나 다른 물건이 젖는 것을 예방할 수 있습니다. 가방의 안쪽은 하나의 공간만 있는 것보다 필통이나 공책, 다른 준비물을 넣을 수 있는 공간으로 나누어져 있는 것이 좋습니다.

가방의 크기는 우리 아이의 등보다 약간 큰 것이나 비슷한 것이 좋습니다. 6학년까지 사용해야 한다는 생각으로 너무 큰 것을 사면 버거워하기도 합니다. 요즘은 사물함에 교과서를 놓아두는 경우가 많으므로 가방이 너무 크지 않은 것을 추천합니다. 장식이 달린 무거운 가방보다 우리 아이의 작은 몸집에 부담이 되지 않는 가볍고 튼튼한 재질이 좋습니다.

신발주머니는 보통 대각선으로 어깨에 멜 수 있는 긴 끈과 손으로 들 수 있는 손잡이 두 개로 이뤄져 있습니다. 이때 어깨에 메는 끈이 너무 길지 않은 것이 좋습니다. 신발주머니의 끈이 길어서 땅에 질질 끌고 다니는 아이들이 생각보다 많습니다. 그래서 반년도 안 되어 꼬질꼬질하고 구멍이 나는 일도 자주 있죠. 끈을 줄일 수 있는 클립이 있는지, 있다면 아이의 키에 맞춰 줄였을 때 끌리지 않는지 확인하고 구매해야 합니다.

그 외 준비물에는 기초 학습 도구인 연필, 색연필, 사인펜, 네임펜, 가위, 풀, 필통, 줄이 없는 종합장 등과 아이 이름이 적힌 이름 라벨, 개인 청소 도구인 미니 빗자루와 쓰레받기 정도가 있습니다.

1학년 때 가장 자주 쓰는 준비물

• 알림장

1학년 1학기에는 아이들이 알림장을 쓰지 않고 필요할 경우 선생님이 내용을 프린트하여 풀이나 셀로판테이프로 붙이거나 온라인 알림장을 활용한다. 아직 글씨 쓰기가 미숙한 아이들이 있기 때문이다. 알림장을 쓰기 시작하면 때로는 선생님이 학부모에게 소통하는 글을 써 보내기도 한다.

• 종합장

줄이 없는 것으로 도화지와 같은 재질의 종이가 들어 있다. 그림을 그리거나 글씨 연습을 하기 위한 용도로 사용한다.

• 연필

보통 2B로 사용하는 것이 좋다. 2B는 HB 연필보다 무르기 때문에 글씨를 쓸 때 힘이 적게 들기 때문이다. 연필은 깎여 있는지 매일 저녁에 확인하여 4~5자루 넣어 준다. 교실에 연필깎이가 없을 수도 있고 초기에는 아이가 깎을 여유가 없으므로 수업 시간만큼 넣어 주는 것이 좋다. 연필이 여유 있어야 갑자기 연필심이 부러졌을 때 당황하지 않는다. 샤프는 글씨를 쓸 때 힘을 줄 수가 없어 필력을 기를 수 없다. 그러면 글씨가 좋아질 수 없으니 가급적 사용을 지양한다.

• 크레파스, 색연필, 사인펜

색칠을 하기 위한 도구로 12색 정도만 있어도 된다. 24색은 책상 위에 놓을 자리가 없어 학습에 방해가 된다. 모든 색칠 도구마다 각각 이름을 써야 한다. 학용품을 잃어버렸을 경우 이름이 없으면 찾아줄 수 없다. 그리고 이름이 없으면 오히려 자기 것 같아도 선뜻 자기 것이이라고 가져가지 않는다.

• 풀, 가위

학교에서 준비물로 제공하는 경우가 많다. 하지만 아이가 개별로 갖고 있어야 만들기나 오리기 활동을 할 때 편리하다. 왼손을 주로 사용하는 아이라면 꼭 '왼 가위'를 구매하자. 오른손으로 자르는 가위를 왼손으로 자르면 가위의 날 방향이 달라서 종이가 잘 잘리지 않는다.

• 지우개

귀엽거나 예쁜 모양보다 사각형으로 말랑말랑한 것이 좋다. 지우개를 수집품처럼 넣어 다니는 경우가 있는데, 예쁜 지우개는 장난감으로 공부 시간에 가지고 노는 경우가 많으니 피하는 게 좋다.

• 필통

놀잇감으로 변할 수 있는 모양이나 너무 무거운 것은 피하자. 또 떨어졌을 때 요란한 소리가 나는 필통보다 지퍼가 달린 천이 좋다. 지퍼는 입구가 좁은 것보다 내용물을 편하게 꺼낼 수 있도록 좌우로 넓게 열리는 것이 더 좋다.

• L자 파일

학교에서 내어주는 가정통신문이나 공부 시간에 한 학습지를 넣어가는 용도다. 학교에서 가정으로 연락해야 하는 신청서나 제출물은 알림장 앱으로 가는 경우가 많아졌지만 여전히 종이로 된 안내장을 발송하는 경우도 많다. 또 아이가 학교에서 활동한 결과물을 가정으로 보낼 때 사용한다.

• 공책

1학기에는 필요 없다. 2학기에 받아쓰기 공책, 국어 공책, 그림일기장, 알림장 등을 사용하기도 한다. 공책은 담임 선생님의 안내가 있으면 그때 구매하는 게 좋다. 선생님에 따라 사용하는 공책이 다르다.

• **그림일기장**

그림일기장은 담임 선생님의 안내가 있을 때 준비한다. 그림일기장은 그림을 그리는 칸과 글을 쓰는 칸이 나뉘어져 있는데 보통 공책보다 조금 큰 A4 크기를 추천한다. 아직 손이 야물지 못한 1학년에게는 그림을 그릴 자리가 최대한 큰 것이 좋다. 방학 동안 그림일기를 쓰는 습관을 들이면 글자를 더 빨리 익히고 어휘력을 늘릴 수 있다.

입학식 그리고 첫 등교

입학식

입학식은 3월 2일에 이루어지는 학교가 대부분입니다. 법적으로 학교에서 학생을 위해 운영해야 할 날짜가 190일이 넘도록 돼 있습니다. 그러다 보니 입학식을 다른 학년 개학식과 다른 날짜에 한다면 1학년만 방학 날짜가 다르게 됩니다. 그런 이유로 다른 학년이 새 학기를 시작하는 날에 같이 입학식을 하는 편입니다. 입학식은 보통 1시간에서 1시간 30분 정도 걸립니다. 입학식 자체는 그리 길지 않습니다. 입학식 이전에 반을 확인하고 모이는 시간, 끝나고 교실로 이동하여 담임 선생님과의 첫인사 시간이 더 많이 걸리죠.

어디로 가는지 불안한 아이부터 마냥 신난 아이까지 다양한 아이들을 데리고 교실을 향하는 첫 여정은 1학년 담임을 맡게 되면 제일 많이 긴장하는 부분입니다. 학교에 따라서 이 시간에 학부모를 대상으로 학교 교육과정에 관해 설명하고 학교폭력 예방교육을 하는 경우도 있고 바로 같이 1학년 교실에 오는 경우도 있습니다.

담임 선생님의 안내가 있기 전에는 학부모는 교실에 나타나지 않아야 합니다. 아이들과 선생님의 첫 시간이기 때문에 방해하지 않도록 해야 합니다. 간혹 창문에 삐죽 머리가 보이면 단박에 아이들의 시선을 쏠리게 됩니다. 혹시 자신의 엄마, 아빠는 아닌지 계속 복도를 살피는 아이들이 많습니다. 그러다 문득 자신이 낯선 공간과 사람들 속에 있다는 것을 깨닫고 울음 터뜨리기도 하죠. 이렇게 되면 그 아이뿐 아니라 선생님도 반 친구들도 모두 괴로워집니다. 오로지 담임 선생님과 아이들이 시간을 보낼 수 있게 다른 곳에 가 계신 것이 좋습니다.

이 시간에 담임 선생님의 이름을 알려 주고 내일부터 가져올 준비물을 적은 안내장과 담임 편지, 입학 선물을 주고, 등교 시간을 안내합니다. 이렇게 아이들에게 설명이 끝나면 학교에 따라 부모님들을 교실로 모시는 경우도 있습니다. 우리 엄마나 아빠가 들어왔다고 아이들은 야단법석이 날 것 같지만 선생님과의 시간을 보낸 후라면 의외로 얌전한 경우가 더 많습니다.

담임 선생님은 아이들을 앉혀 놓고 학부모들에게 간단한 소개말을 하고 꼭 해야 하는 것에 대해 안내합니다. 부모님을 교실로 초대하지 않는 학교는 서면으로 안내가 나갑니다.

첫 등교에서 시작되는 자기주도 습관

두근두근 첫 등교입니다. 모든 1학년들이 거의 자기 키만 한 가방에 준비물을 가득 넣어 학교에 옵니다. 어젯밤 입학식 때 나눠준 안내장에 적힌 준비물을 엄마와 꼼꼼하게 확인하며 넣었을 겁니다. 반짝이는 새 가방과 새 옷 그리고 어떤 새 물건보다 반짝이는 아이들이 등교를 합니다. 그리고 하굣길. 등교할 때와 달리 가방이 가볍습니다. 준비해 온 것을 선생님의 안내에 따라 모두 사물함에 넣어 놓고 왔기 때문이죠. 앗, 그런데 몇몇 아이들은 등교 때와 똑같습니다. 어찌 된 일일까요?

아이들은 교실에 도착하면 우선 담임 선생님의 안내에 따라 자신의 사물함이 무엇인지 안내를 받습니다. 그리고 챙겨온 기초학습도구 및 청소도구 등을 그 안에 넣어 두고 사용하라는 말을 듣지요. 대부분의 아이들은 선생님의 말씀에 따라 잘 행동합니다. 선생님이 다음 시간에 필요하니 꺼내라고 하면 꺼내고 다 사용했으니, 제자리에 넣어 두라고 하면 넣어 둡니다. 그런데 몇몇 아이들은 이때 가져 온 준비물을 사물함이 아닌 가방에 넣습니다. 선생님이 모든 아이들의 가방을 열어 확인할 수 없기 때문에 이런 학생들은 무거운 준비물을 도로 가져가게 됩니다. 선생님의 말에 집중하지 않았거나, 들었지만 이해하지 못한 경우죠.

그러나 앞뒤 사정을 모르는 가정에서는 이 일을 첫 번째 민원으로 제기하곤 합니다.

"아이가 가방에 준비물을 넣어 갔는데 도로 가져왔더라고요. 내일은 놓고 가라고 말씀 좀 해 주세요."

이렇게 민원을 제기할 때 무심코 '무신경하다', '이런 것도 못 챙겨주시냐'고 담임 교사를 타박하는 말을 덧붙이는 경우가 있습니다. 그런데 이것을 아이가 듣는다면 교육적으로 매우 나쁩니다. 선생님에 대해 부정적으로 말해서라기보다도 아이들이 이 말을 듣는 순간, 자기 준비물을 사물함에 넣어야 하는 책임이 자신이 아니라 담임 선생님에게 있게 되어버리기 때문입니다.

아이가 자기주도적 태도를 갖는다는 것은 모든 면에서 중요합니다. 이런 태도는 흔히 이야기하는 자기주도적 학습과도 연결되지요. 자기주도적 태도를 키우려면 어찌해야 하는지 학부모 상담 때 많이 물어보시는데, 바로 이런 상황 하나하나를 스스로 해결하는 것에서 시작됩니다. 아이에게 오늘은 꼭 사물함에 넣어 두고 오라고 단호하게 이야기하고 담임 선생님께는 살짝 부탁하는 것이 슬기로운 대처 방법입니다.

아이에게 학교는 스스로 책임지고 움직이는 공간이라는 인식을 일찍부터 심어 주어야 합니다. 자기 물건을 챙기거나 잃어 버린 물건을 찾는 일은 아이의 몫이지 교사의 몫이 아닙니다. 선생님은 아이의 부족한 점(찾아봤는데 못 찾았을 때)에 대해 도움을 주는 사람입니다.

"교실 바닥에 있는지 같이 찾아볼까? 저쪽으로 굴러갔을 것 같아. 찾아볼래?"

가방 속에 가져온 물건이 있다는 것을 알고, 이를 꺼내고, 학교에서 가지고 갈 안내장이 있으면 부모에게 전달하는 작은 습관이 모여 무엇이든 스스로 할 수 있는 아이로 성장할 것입니다.

학교 홈페이지는 학교생활 자료실

학교 홈페이지에는 학교의 전반적인 일정을 담은 학사일정, 급식 메뉴, 결석할 때 제출하는 결석계 양식, 학교장 체험학습 신청서와 보고서 양식, 여러 가지 가정통신문, 방과후 학교 안내, 학교 행사 사진 등이 있습니다. 알리미로 안내하는 내용 중에서 1년 동안 사용해야 하는 양식들이 올라와 있는데, 잘 활용하여 제출물을 제때 내도록 해야 합니다.

결석, 조퇴, 지각을 할 경우에는 담임 교사에게 꼭 연락해야 합니다. 특히 결석은 결석 신고서를 제출해야 합니다. 이때 결석일이 1~2일이라면 담임 교사에게 유선이나 메시지로 연락한 후 학교에 등교할 때 결석 신고서를 제출합니다. 그러나 3일 이상이라면 조금 다릅니다. 아파서 결석을 한 것이라면 병원이나 약국에서 받은 서류를 같이 첨부해야 병결로 처리됩니다. 만약 여행을 가서 결석을 하게 된다면, 미리 학교장 허가 교외체험 학습을 신청하는 것을 추천합니다. 만약 미리 허가를 받지 않으면, 미인정 결석으로 처리가 됩니다.

학교장 허가 교외체험학습은 초 · 중등교육법에 나오는 제도로 학생이 학교장의 사전 허가를 받은 후 학교 교육과정 운영 시간과 별도로 학교 밖에서 보호자의 동행하에 실시하는 체험 학습입니다.

학생이 가족 여행, 친인척 방문, 답사·견학 활동, 체험 활동 등 직접적인 경험과 체험을 하는 경우 학교에서 정한 학칙 범위 내에서 학교장의 사전 허가 후 실시하면, 교외체험학습을 다녀온 기간을 출석으로 인정해 줍니다. 예를 들어 어느 학생이 가족 여행으로 제주도를 금요일부터 일요일에 갈 예정이라면, 금요일 1일을 학교장 허가 교외체험학습으로 신청하면 됩니다. 신청서는 학교 홈페이지에서 내려받아서 작성한 후 프린트하여 담임 교사에게 제출하면 됩니다.

교외체험학습은 1일 단위로 운영하는데 교외체험학습을 하루 전체를 다 사용하지 않고 학교 수업을 2교시까지 한 후 체험 학습을 신청한다면 반일로 신청해도 됩니다. 출석 인정 기간은 공휴일, 방학, 재량휴업일을 제외한 해당 학년도 기준 연간 20

일 이내입니다.

학교장 허가 교외체험학습을 가정 행사에 적절하게 사용한다면 출결과 관계없이 다녀올 수 있습니다.

알림장, 담임과의 소통 방법

유치원 때와 달리 학교에 입학하면 담임 선생님이 학부모에게 직접 전화하는 일은 거의 없습니다. 대부분 '알리미' 혹은 '하이클래스' 같은 앱을 통해 가정통신문이나 알림장을 보냅니다. 가정에서 이를 설치하고 가입하지 않으면 학교에서 제출하라고 하는 것이 무엇인지, 담임 선생님이 가지고 오라는 준비물에 대해 자세히 알기 어렵습니다. 예비 소집에 가서 받아온 유인물이나 봉투를 살펴보고 학교에서 설치하라는 앱이 있다면 미리 설치하고 가입해 두면 학교의 일정을 놓쳐 당황하는 일을 막을 수 있습니다.

일부 학교에서는 1학기 방과후 학교 프로그램 신청을 2월에 받습니다. 과거에는 모두 학교에 직접 신청서를 제출 하는 방식이었지만 코로나를 기점으로 모든 신청은 알리미 같은 알림장 앱이나 방과후 학교 전용 신청 앱에서 선착순으로 이루어지기도 합니다. 알림장 앱을 설치하고 가입하지 않으면 원하는 강좌를 못 들을 수도 있습니다. 방과후 학교 프로그램 중에서 아이들에게 인기가 있는 방송댄스 반이나 로봇 반, 과학실험 반은 선착순으로 신청하지 않으면 다음 분기 신청까지 기다려야 되니 앱 사용 방법을 미리 알아두는 것이 좋습니다.

또 알림장 앱 설치 후, 학교에서 보내는 가정통신문과 담임의 알림장, 주간학습 안내를 잘 봐야 합니다. 이때 스마트폰의 알림 설정을 반드시 켜두어야 합니다. 대부분이 앱을 설치하고도 귀찮아서 알림을 꺼 버리는 경우가 있습니다. 그렇게 되면 담임 교사의 알림장이나 가정통신문이 와도 모르고 지나가고 말아요.

3월이 다 끝나갈 때까지 제출물을 제때 내지 않은 아이의 어머니와 만나 이야기한 적이 있습니다.

"그런 게 왔었나요?"

어리둥절한 표정으로 앱은 받아뒀지만 입학 후에 한 번도 들어간 적이 없다고 했습니다.

또 1학년이 다 끝나갈 때쯤에 어느 어머니는 이렇게 말씀하셨죠.

"근데 아이들이 알림장을 왜 쓰나요? 앱을 실행하면 집에서 볼 수 있는데 굳이 아이가 쓰는 이유를 모르겠어요."

"저는 앱으로 오는 학교 가정통신문을 거의 안 봐요. 비슷한 내용이나 안 봐도 다 알 것 같은 내용이 오니까 마치 스팸 문자 같더라고요. 그래서 안 보게 되어요. 물론 아이가 쓴 알림장이나 주간학습 안내는 봐요."

옆의 다른 어머니 말입니다.

학교에서 진행하는 알림 방식에는 3가지가 있습니다.

첫째, 아이가 직접 쓰는 알림장 공책입니다. 1학기에는 알림장을 학생들이 직접 쓰지 않습니다. 이때 아이들은 한글을 배우는 단계로 글씨를 쓰는 부담을 줄이기 위한 정부의 조치입니다. 받아쓰기와 알림장 쓰기를 1학기에 하지 않게 되면서 가정에서 받는 스트레스는 확실하게 줄었습니다. 하지만 2학기가 되면 알림장을 쓰기 시작합니다. 알림장은 한글을 배우는 도구이자 글씨 쓰기 연습을 도와주는 효과가 있습니다. 꾸준하게 알림장을 작성하면 반복되는 글자가 있어 익히게 되고 손의 힘이 길러주지요. 알림장을 따라 쓰는 것은 집중력을 향상하고 글자의 구조와 뜻을 알 수 있습니다. 그래서 많은 1학년 담임 선생님들이 2학기에는 알림장을 쓰고 부모님 확인을 받아오게 합니다.

이때 부모님은 아이의 글씨를 확인하고 준비물이나 과제를 확인하면 됩니다. 내 아이의 글씨 상태가 어떠한지 파악하고 전달 사항을 확인합니다. 혹시 모르니 알림장 앱으로 다시 한 번 확인해 실수를 줄이는 것이 좋겠죠. 아이의 알림장만 확인하는 부모님도 계시지만 알림장 앱만 확인하는 부모님도 계십니다. 알림장은 단순히 전달사항을 적는 것이 아닙니다. 1학년은 아직 한글을 배워 가는 과정입니다. 낯선 학교에 적응하는 중이기도 하고요. 알림장을 보며 아이의 글씨가 얼마나 좋아졌는지, 선생님이 왜 이런 알림을 보내셨는지 이야기하며 아이의 학교생활에 대해 자연스럽게 이야기 나눌 수 있습니다.

아이들은 부모의 사인을 받으면 내심 자랑스럽게 생각합니다. 다음 날 선생님께 알림장을 내밀고 부모의 사인 칸을 봐달라고 하죠. 그럼 그 옆에 도장을 콩 찍어줍니다. 그러면 그것을 또 참 좋아합니다. 선생님의 도장을 받고 부모의 사인을 받는 재미를 느끼는 아이들이 꽤 많습니다. 자신이 썼다는 사실에 성취감을 느끼고 부모와 함께 공유했다는 것이 좋기만 한 것입니다.

1학기에 아이가 알림장을 직접 쓰지 않더라도 담임 선생님이 알림장을 준비해달라고 말하기도 합니다. 필요한 내용을 프린트하여 붙여서 보내기도 하고 담임이 하고 싶은 말을 알림장에 직접 써 보내는 용도로 사용할 수도 있기 때문입니다.

'오늘 김치를 아예 안 먹었어요. 매워도 먹고 싶은데 물이 없어 못 먹겠다고 합니다. 물병에 물을 넣어 보내주세요.'

'윤슬이가 오늘 로아를 도와주었어요. 보건실 위치를 벌써 알아서 로아를 데리고 다녀왔어요. 칭찬해 주세요.'

'오늘 로아가 배가 아프다고 해서 보건실에 다녀왔어요. 꼭 살펴봐 주세요.'

둘째, 알리미 같은 알림장 앱은 학부모가 학교와 학급 교육과정 운영을 알고 학교의 중요한 행사에 참여할 수 있도록 돕는 역할을 합니다. 알림장 앱으로 학급의 주간학습 안내가 나갑니다. 주간학습 안내는 다음 주에 국어, 수학, 통합교과, 창의적 체험 활동(창체) 시간에 어떤 공부를 하는지 준비물이나 과제는 무엇인지 미리 알 수 있습니다.

예를 들어 수학 준비물로 15cm 자가 필요하다고 적혀 있으면 주말에 집에 있는지 확인하고 없으면 미리 준비해 두면 됩니다. 부모님이 업무 시간 중간에 문방구나 마트에 가기 어려운 경우가 많으므로 주간학습 안내로 미리 공지하는 것입니다. 특히 조사 활동이나 사진 가지고 오기처럼 가정에서 꼭 준비해 주어야 하는 준비물이 있는 경우 기간을 넉넉하게 안내하니 확인하고 미리 준비하면 더욱 좋겠지요.

학교 전체 가정통신문은 알림장 앱으로 전달이 됩니다. 가정통신문은 방과후 학교 신청서, 우유 급식 신청서, 기초 보충학습 신청서 등 신청서, 동의서와 독감 예방접종, 건강검진, 결석과 학교장 허가 체험학습과 같이 학교에서 진행하는 행정적, 교육적 활동을 안내하는 것입니다. 놓치게 되면 다른 아이들은 제출했는데 우리 아이만 빠질 수 있으니 잘 확인하는 것이 좋습니다.

셋째, '하이클래스'나 '하이톡', '카카오톡 채널', '착신 전용 전화번호' 등을 활용하는 담임과의 소통 방식이 있습니다. 요즘은 담임의 개인 전화번호를 공유하지 않는 편입니다. 예전에 업무 시간이 아닌 늦은 밤에 전화나 문자, 카카오톡을 해 좋지 않은 일이 많았기 때문입니다. 교권 침해 사례가 많이 늘어나는 현실에 다른 방식이 필요하게 되었죠. 이런 방식은 연락 가능 시간이 제한되어 있고 전화의 경우 녹음이 되기도 합니다.

"선생님, 내일 가을 사진을 꼭 가져가야 하나요?"

궁금하더라도 시간이 밤이라면 우선 알림장과 주간학습 안내를 잘 읽어보기 바랍니다. 준비물을 미처 준비 못 했다는 간단한 메시지는 아침에 보내도 충분합니다.

유치원과 다른 초등학교 시스템

"선생님, 우리 아이가 다친 거 아세요? 어떻게 아이가 다쳤는데 전화 한 통 없는 건가요?"

초등학교에서 보통 학생이 아프면 우선 보건실에 간다. 그리고 보건교사가 잠시 휴식을 취할지, 약을 먹을지, 병원에 갈지를 판단한다. 조퇴를 하고 병원에 가야 한다면 보건교사가 직접 학부모와 통화해 상황을 설명한다. 이때 담임 교사는 별도로 학부모에게 연락을 하지 않을 수도 있다. 다만, 싸움이 있었거나 상처가 심하면 담임 교사도 연락한다. 연락을 하더라고 응급을 요하지 않는 경우라면 수업이 끝난 후 한다.

방과후 프로그램 지혜롭게 활용하기

학교에 다니기 시작하면 정규 수업이 끝나고 아이를 어디로 보낼지 미리 생각해야 합니다. 학원을 보낼 것인지 방과후 학교, 혹은 돌봄 교실에 보낼지 결정해야 하지요. 학교에서 운영하는 다양한 프로그램을 살펴보고 어떤 것이 우리 자녀를 위한 방법인지 지혜롭게 활용해야 하겠습니다.

방과후 학교

사교육을 줄이자는 취지로 시작된 '방과후 학교'는 학교 수업이 끝나고 운영되는 또 다른 학교로 학생이 비용을 부담하는 방식입니다. 담임과 직접 관련이 있다고 생각하는 경우가 많은데 수업 주체가 다릅니다. 담임은 방과후 학교 프로그램을 안내하고 방과후 학교가 잘 돌아가도록 도움을 주는 역할이고 수업 및 아이들 출결 관리는 방과후 교사가 합니다.

입학 후 초기에는 아이들이 학교 구조를 모르기 때문에 수업이 끝나면 방과후 선생님이 미리 기다리고 있다가 아이를 데리고 가는 편입니다. 수업을 마치는 시간과 방과후 프로그램 시간이 딱 맞으면 좋지만 그렇지 않은 경우도 있습니다. 그러면 집에 갔다가 그 시각에 맞춰 다시 학교에 오거나 도서관이나 학교에서 정한 장소에서 기다리면 됩니다. 입학 초기에 아이가 어디로 가야 할지 걱정이 많이 된다면 담임 선생님께 정중하게 방법을 문의하는 것이 좋습니다.

아이가 방과후 학교에 참가하는 경우 제일 중요한 것은 아침에 아이에게 어떤 수업에 들어가야 하는지 설명하는 것입니다. 대부분의 1학년 담임 교사는 만약을 대비해 방과후 학교 업무 담당자에게 공유받은 방과후 학교 신청 상황을 확인해 둡니다. 하지만 기본적으로 이는 담임 선생님의 업무가 아니다 보니 완벽하게 파악하는 것에 어려움이 있을 수 있습니다. 그러니 아이가 등교할 때 오늘은 무슨 수업을 몇 시에 가야 하는지 이야기를 꼭 해 주세요. 만약 잊을 것 같아 걱정된다면 메모지에 몇 시에 어느 교실 무슨 수업에 가야 하는지 적어 주는 것도 좋습니다. 그리고 아이에게 메모를 봐도 잘 모르겠다면 선생님께 메모를 보여 드리라고 하면 아이도 훨씬 편하게 방과후 수업에 참여할 수 있을 겁니다.

방과후 학교의 경우 전교생이 참가하기 때문에 프로그램이 결정되면 3월부터 수업을 바로 시작합니다. 그래서 수강 신청은 대체로 2월이나 3월 초에 합니다. 수강 신청은 온라인에서 선착순으로 받고 수강료는 스쿨뱅킹 통장에서 이체되거나 카드로 빠져나가게 됩니다.

방과후 학교 프로그램은 학교가 임의 결정하는 것이 아니라 전년도의 만족도 조사와 설문조사로 결정이 됩니다. 인기가 있는 강좌는 대부분 아이가 좋아하는 활동을 많이 합니다. 입학할 학교의 다른 학년 학부모에게 정보를 미리 알아두는 것도 좋지만 일단 우리 아이의 관심에 따라 참여도가 다르기 때문에 아이에게 선택하게 하는 것이 제일 좋습니다.

프로그램이 다양하지 않더라도 수업을 하고 오후 3~4시 정도까지 학교에 있을 수 있어 선호하는 부모들이 많습니다. 만약 중간에 피치 못할 일이 있어 수업을 받을 수 없다면 학교 행정실이나 방과후 선생님에게 연락하면 됩니다. 규정에 맞게 환불받을 수 있어요.

방과후 학교에는 자유수강권이라는 제도가 있습니다. 자유수강권은 한부모가정이나 차상위가정 등 저소득층인 경우 일정한 수강료와 교재비 등을 지원받는 것입니다. 나라에서 정한 기준에 맞으면 방과후 학교 강좌 중 원하는 것을 무료로 들을 수 있어요. 신청은 '교육비 원클릭신청 시스템'을 통해 온라인으로 신청하거나 주소지의 주민센터로 방문하여 할 수 있습니다.

돌봄 교실

돌봄 교실은 부모가 모두 재직증명서를 제출할 수 있는 직장생활을 한다면 신청이 가능합니다. 희망자가 많으면 학교에서 정한 기준에 따라 받고 나중에 추첨을 하는 경우가 많습니다. 맞벌이라서 방과후 아이를 돌볼 여력이 없다면 돌봄 전담교사가 있는 돌봄 교실에 보내는 것을 가장 추천합니다. 1학년 교실에서 돌봄 교실은 가깝고 정규 수업이 끝나고 귀가할 때까지 돌봄 선생님이 관리하기 때문이죠.

돌봄 교실은 돌봄 선생님이 아이에게 간식을 먹이고, 학생이 개인적으로 신청한 방과후 학교 프로그램에 보내거나 돌봄 교실 자체에서 운영하는 프로그램에 참여시킵니다. 매일 프로그램이 조금씩 다르고 운동이나 음악, 그리기, 만들기 등을 경험할 수 있어 다채롭습니다. 그 외 시간은 돌봄 선생님이 아이들을 돌보게 되지요. 귀가 시간은 아이마다 다르고 방학에는 학교마다 다르지만 도시락을 싸 가야 하는 경우도 있고 학교에서 단체로 도시락을 주문해 먹이기도 합니다. 다만 방학에는 귀가 시간이 당겨집니다.

아이가 아프거나 여행 등으로 학교에 가지 않을 경우, 담임 교사에게 연락을 했더라도 돌봄 교사에게도 따로 연락을 하는 것이 좋습니다. 담임 교사와 돌봄 교사의 소통이 원활하지 않을 수도 있기 때문입니다.

늘봄 학교

늘봄 학교는 2024년부터 시작된 방과후 프로그램입니다. 앞으로 늘봄 학교에서 방과후 학교와 돌봄을 통합하여 운영할 계획이라고 합니다. 아직은 시행 초기라서 인력이나 공간 문제로 잡음이 있었습니다. 하지만 환영하는 학부모들도 많습니다.

우선 늘봄 학교는 재직 유무가 중요하지 않습니다. 24년 기준 1학년이라면 희망하는 누구나 이용이 가능하고 25년에는 2학년까지 확대한다고 합니다. 매일 최대 2시간을 무료로 운영합니다. 학교 내에서 돌봄이 이루어져 안전하고 신뢰할 수 있는 환경이고 무료라는 큰 장점이 있지만 학교별, 지역별로 프로그램의 질과 다양성에는 차이가 있을 수 있습니다.

학부모가 늘봄 학교를 검토할 때 제일 먼저 고려해야 할 사항은 프로그램의 질이나 공간이 아닌 바로 학생의 상황입니다. 방과후 학교 프로그램에 참여해야 하는데 수업이 끝난 후에 어디로 가야하는지 모르겠고 집에 갔다가 돌아오기 힘든 아이가 있다면 늘봄 학교의 도움을 받는 것은 좋은 방법입니다. 또 돌볼 수 있는 사람의 공백을 늘봄 학교가 메워줄 수 있습니다. 하지만 부모가 돌볼 여유가 있다면 많은 시간을 학교에서 보내 아이의 개인 시간이 많이 줄고 책을 읽거나 그림을 그리며 집의 포근함을 느낄 시간이 적다는 점을 생각해 보아야 합니다. 그러니 자녀의 의견을 경청하고 선택을 존중하여 자녀의 흥미와 필요에 맞는 선별적 참여가 좋을 것입니다.

두근두근, 학부모 상담

초등학교에 입학하는 자녀를 둔 학부모에게 담임 교사와의 첫 상담은 무척 떨리는 일입니다. 상담해야 한다고 해서 신청은 했지만, 어떤 말을 해야 할지 몰라 불안해하는 경우가 많습니다. 학부모 상담은 자녀의 학교생활과 학습 발달에 있어 중요한 역할을 합니다. 이러한 상담은 학부모와 교사 간의 소통을 강화하고, 자녀를 위해 부모가 알아야 할 교육적 요구에 대비할 수 있는 기회가 됩니다.

단순히 우리 아이를 잘 봐달라는 식의 이야기를 하는 시간이 아니라 자녀의 발전을 위해 상담한다는 생각을 갖고 준비해야 더 좋은 효과를 거둘 수 있습니다. 다음 3가지를 준비해서 담임 교사와 상담을 진행하길 추천합니다.

첫째, 자녀의 학교생활에 대해 관찰하고 자녀의 일상적인 학교생활, 수업 참여도, 친구 관계 등에서 궁금한 점을 미리 메모하세요. 그리고 자녀의 특별한 관심사나 걱정거리 등을 관찰하고 기록해 두세요. 아이가 겪고 있는 어려움이나 문제점, 트라우마, 건강상 챙길 점이 있다면 이를 교사와 상의하여 학교생활에서의 대처 방안을 모색할 수 있습니다.

둘째, 상담 시간은 10분에서 20분 정도로 제한적이므로, 중요한 질문들을 미리 정리하세요. 관찰한 것과 궁금한 점을 정리하여 자녀의 학습 태도, 진도, 행동양식 등 질문을 미리 적어 준비하면 더 좋아요.

셋째, 자녀의 성향, 강점과 약점 파악하고 개선이 필요한 부분을 명확히 해서 교사와 공유하면 보다 구체적인 상담이 가능합니다. 잘하는 점만 이야기하거나 잘하고 있는다는 소리만 듣겠다고 생각하면 자녀의 발전을 위한 고민을 나눌 수 없습니다. 선생님에게 우리 아이의 약점을 보이면 안 된다고 생각하기 쉬운데 선생님은 이미 그 약점이 무엇인지 느끼고 있을 수 있습니다.

학부모 상담을 할 때 이것만 지켜도 성공할 수 있어요

상담 날짜와 시간을 잘 지키는 것이 중요합니다. 상담 시간을 준수하는 것은 교사와 다음 학부모들에게도 예의를 갖추는 것이기도 합니다. 전화로 상담하는 경우, 조용한 장소에서 상담을 진행하여 효과적인 의사소통이 이루어지도록 합니다.

선생님과 상담 중이나 끝난 후에는 긍정적인 태도를 유지할 필요가 있어요. 상담은 비난하거나 일방적으로 말하는 시간이 아닌 협력하는 과정입니다. 교사와의 긍정적인 관계 구축을 위해 존중과 이해의 태도를 보여 주세요.

가끔 자녀에 대한 푸념이나 신세 한탄만 하는 경우가 있습니다. 또 자녀의 문제 상황에 대해 두리뭉실하게 말하는데, 구체적인 예시 상황을 말해야 선생님이 더 잘 이해할 수 있습니다. 그래야 학교에서의 상황을 나누고 좀 더 합리적인 해결 방안이 나올 수 있습니다. 상담이 끝난 후 상담 내용을 정리하고, 필요한 경우 자녀와도 공유하면 좋습니다.

"선생님께서 너 지각을 좀 자주 한다고 하시더라. 좀 고쳐야 하지 않을까?"

"선생님께서 공부 시간에 네가 집중을 잘한다고 칭찬 많이 하시더구나. 기특하네."

선생님의 입을 빌려 좋은 점은 강화하고 나쁜 점은 고칠 수 있는 계기로 삼는 것이 좋아요. 친구와 잘 지내거나 학교생활에 적극적으로 참여하는 모습 등을 칭찬하면서 아이가 자신감을 느낄 수 있도록 해 주세요.

단, 상담을 다녀와서 "너희 선생님, 왜 그러시니? 너 보고 공부 시간에 논다고 하시고. 진짜 그러니? 솔직하게 말해 봐."와 같이 교사에게 적대감을 가지고 비난하면 안 됩니다. 아이를 혼내겠다는 투의 말은 학생이 교사를 신뢰하지 못하게 만들 수 있어요. 그리고 아이가 엄마에게 거짓말을 하게 만들 수도 있으니 좋지 않은 방법입니다. 상담에서 아이의 개선이 필요한 부분에 관해 이야기할 때는 부드럽고 긍정적인 방식으로 접근하세요. 아이가 더 좋은 방향으로 발전할 수 있도록 격려와 지원을 아끼지 마세요.

상담 시간에 교사가 '고쳤으면 좋겠다'거나 '걱정됩니다'는 말은 정말 고심 끝에 하는 말입니다. 대부분 좋지 않은 반응으로 담임에게 도리어 불신을 보이거나 민원을 만드는 계기가 되기 때문이죠. 그런 위험을 감수하며 말을 건넨 것은 꼭 필요하기 때문입니다. 학부모 상담은 적을 염탐하러 가서 비밀을 들키지 않고 돌아오는 정찰전이 아닙니다. 같은 편의 지원을 얻기 위해 이야기를 나누고 오는 것임을 강조하고 싶습니다.

학부모 상담은 일회성 이벤트가 아닌 지속적인 과정

아이에게 문제 상황이 있다면 정기적으로 교사와 소통하며 자녀의 발달에 도움이 되도록 해야 합니다. 그리고 담임 선생님과 상담에서 결정된 조치 사항들은 가정에서도 이행하여, 학교와 가정이 협력하여 자녀를 지원할 수 있도록 하면 좋습니다.

"그 아이가 매일 때리는데 선생님도 아시죠? 도대체 그 아이 엄마는 어떻게 하겠다고 하세요?"

"그 어머니께서 매일 친구를 때리지 말라고 이야기하고 계신다고 하세요. 저도 학교에서 열심히 지도 중입니다. 조금 기다려 주시면 좋겠습니다."

"아니 1학기 때 그래서 기다렸는데 달라지지를 않으니 말씀드리잖아요."

이런 난감한 상황은 어느 학생의 행동이 고쳐지지 않아 만들어집니다. 중간에서 전달하는 담임 선생님은 곤란할 수밖에 없어요. 그러므로 상담 후에 수정할 행동은 최선을 다해 변화를 만들어 나가야 합니다. 특히 놀리거나 때린다는 이야기가 나온 부분은 학교폭력 예방을 위해 꼭 고쳐야 할 부분입니다.

상담 후에 문제 행동의 무변화는 학급 내에 민원 발생을 늘리고 자녀의 친구 관계를 악화시킬 수 있습니다. 특히 폭력적인 행동이 오랫동안 반복되면 상대가 학교폭력으로 신고할 수 있다는 점을 생각하고 학부모 상담할 때 수용적인 태도로 경청하실 필요가 있습니다.

그리고 아이의 문제를 해결하기 위한 구체적인 방안을 모색하고, 필요한 경우 전문가의 조언이나 훈련을 통해 아이를 효과적으로 도와주어야 합니다. 아이의 발달 단계를 고려하여 적절한 방법을 찾는 것이 중요합니다.

담임 교사와의 상담은 자녀의 교육적 성장과 발달을 위한 중요한 활동입니다. 이러한 상담을 통해 학부모와 교사가 협력하여 자녀가 학교생활에서 최상의 경험을 할 수 있도록 도울 수 있습니다. 학부모의 적극적인 참여와 준비가 자녀의 학교생활에 긍정적인 영향을 미칠 것입니다.

미리 익혀 두면 건강해지는 일상생활 습관

현기는 입학식에 늦게 왔어요. 그 후 1학년 동안 현기의 지각은 여러 번 계속됐고 준비물이나 과제는 거의 가져오지 않았습니다. 하교 시간이 되면 청소는 하지도 않고 번개처럼 가 버렸어요. 다음 날 청소하고 가라고 하면 그럼 놀 시간이 없다며 강하게 불만을 표현했지요. 현기 주변은 늘 지저분해서 친구들이 인상을 찌푸리는 일이 많았지만 정작 현기는 아무렇지도 않았어요. 현기는 어렸을 때 몸이 아파서 어머니와 누나가 무엇이든 대신해 준 바람에 1학년이 되어서도 생활 습관이 잡혀 있지 않았습니다.

우리 아이들에게 건강한 생활 습관을 길러 주는 것은 그들의 미래를 위한 최고의 선물입니다. 특히 초등학교에 입학하는 아이가 좋은 생활 습관을 갖는 것은 초등학교를 다니는 내내 학교생활과 친구 관계에 큰 영향을 미칩니다. 길러 두면 건강한 학교생활을 하는 데 도움이 되는 것을 알아보겠습니다.

일찍 자고 일찍 일어나는 건강한 수면 패턴

아이들에게 규칙적인 생활 리듬을 만들어 주는 것은 신체적, 정신적 건강을 향상하는 데 필수적입니다. 아이가 매일 같은 시간에 잠자리에 들고 일어나는 습관을 만들어 건강한 수면 패턴을 형성하도록 만들어야 합니다. 이것은 아이의 신체적 성장과 뇌 발달을 돕습니다. 또 충분한 수면은 아이의 에너지 수준을 높여 전반적인 기분과 정서적 안정성에도 긍정적인 영향을 미칩니다.

정해진 시간에 아침 식사 하기

정해진 시간에 식사하는 습관은 아이의 신체 시계를 조절하여 건강한 식습관 형성을 도울 수 있습니다. 이런 생활 습관은 1학년 전후에 형성할 수 있도록 돕는 것이 부모의 역할입니다. 등교하느라 급해서 아침을 먹지 못하고 오는 아이들은 점심시간까지 식단표를 보며 공부에 집중하지 못합니다. 배가 고파 신경이 날카로워지는 아이도 있지요.

아침을 먹을 시간에 엄마에게 혼이 나서 눈이 빨갛게 되어 등교하는 아이 중에는 급식 우유를 먹으면서 토하는 경우가 있습니다. 아침은 될 수 있으면 먹이고, 아침에 부정적인 기분이 되지 않게 해야 합니다. 좋지 않은 기분으로 등교하면 친구와 싸우기 쉽고 공부에도 집중할 수 없어요.

용변을 보고 등교하기

대변은 가능하다면 집에서 보고 등교하는 것이 좋습니다. 아이들이 학교에서 힘들어하는 것 중 하나가 대변을 보는 일입니다. 변기가 집만큼 편하지 않고, 닦는 것과 옷 벗고 입는 것이 어렵고 귀찮기 때문입니다. 간혹 집에 가서 볼일을 보겠다고 참다가 큰일이 나기도 합니다. 이런 일을 방지하기 위해서 오전에 용변을 보고 오는 것이 좋고, 혹시 이게 영 어렵다면 옷을 입고 벗는 것부터 혼자 뒤처리 하는 법, 물 내리는 법까지 찬찬히 연습시켜 주면 좋습니다. 또 학교에서 화장실이 급하다면 수업 시간이라도 담임 선생님에게 화장실에 간다고 살짝 말씀드리고 가라고 알려 주세요. 쉬는 시간까지 참을 필요는 없습니다.

규칙적인 생활 습관의 좋은 본보기 되기

아이에게 영향력이 큰 존재는 부모입니다. 부모가 일찍 일어나고, 규칙적으로 식사하고, 건강한 생활 방식을 실천하는 모습을 보임으로써, 아이는 이러한 습관을 자연스럽게 배우고 따르게 됩니다.

"나는 틀려도 너는 바르게 해라."

이런 말은 아이에게 통하지 않아요. 보고 자라는 환경이 얼마나 중요한지 '맹모삼천지교'를 통해 다들 알고 계시잖아요. 부모가 매일 아침 일찍 기상하여 가벼운 스트레칭이나 요가로 하루를 시작하는 모습을 자녀에게 보여 준다면, 아이들은 이를 일상의 일부로 받아들이고 일찍 기상할 가능성이 커요. 또한, 가족이 함께 건강한 식사를 준비하고 즐기는 시간을 갖는 것은 아이들에게 영양가 있는 식사의 중요성과 함께 식사를 준비하는 즐거움을 가르쳐 줄 수 있습니다. 더불어 다양한 음식을 접할 수 있어 편식이 줄어들 수 있습니다.

만약 부모가 바쁜 일상으로 그럴 시간이 많이 없다면 여러 생활의 모습이 담긴 그림책을 읽어 주면 좋습니다. 주인공의 행동 중에 자녀가 따라 하면 좋을 행동이나 하지 말아야 할 행동에 대해 질문하고 대답하면서 이야기 나누고 느낌을 물어보는 방식이 좋습니다. 내가 하는 행동은 객관적이기 어렵지만, 그림책 속의 인물이라면 자기 생각을 쉽게 이야기할 수 있죠. 또 이를 내면화시킨다면 비슷한 상황이 왔을 때 따라 하기 쉽습니다.

평소 일찍 오는 아이는 친구들과 이미 할 이야기를 다 하고 웃으며 수업을 시작하지만, 부모가 늦게 일어나 학교를 늦게 보내 지각하는 아이는 하루를 급하게 시작해서 한 박자씩 느리고 빼먹는 일이 생길 수 있습니다.

부모가 건강한 생활 습관을 지속해서 실천함으로써, 자녀들은 이러한 습관들을 자연스럽게 내면화하게 됩니다. 이는 단순한 습관 형성을 넘어, 아이들의 전반적인 건강과 웰빙에 긍정적인 영향을 미칠 것입니다.

긍정적인 피드백

긍정적인 피드백은 아이가 긍정적인 행동을 계속 유지하게 하는 효과가 있어요. 칭찬과 격려는 아이가 스스로 자신감을 갖고 규칙을 따르게 하는 효과적인 방법입니다.

작심삼일이라는 말처럼 어른도 결심한 것을 계속 유지하는 것은 여간 어려운 일입니다. 하물며 어린 자녀가 약간 흐트러졌다고 계획대로 하지 않았다고 매섭게 몰아붙이면 잠시 효과가 있는 것처럼 보이지만 지속되지 않습니다.

"네가 그러면 그렇지. 얼마 못 갈 줄 알았어."

"아휴, 누굴 닮아서 그렇게 게으르니?"

"똑바로 하는 게 하나도 없어. 너희 반 유빈이는 안 그렇다는데. 내가 못 살아."

어느 드라마에 나오는 말인 것처럼 보이지만 실상 아이들이 많이 듣는 말들입니다. 부모의 긍정적인 반응은 아이의 얼굴에 나타나고 행동을 변화시킵니다. 아이를 키우면서 내가 하고 싶은 말은 삼키고 어떤 긍정적인 말을 할지 생각하고 이야기해 주세요.

부모님의 역할은 우리 아이들이 학교에서 잘 지내고 건강하게 자라는 데 정말 중요해요. 일정한 생활 습관과 규칙은 아이들에게 시간 관리, 책임감, 협동심 같은 중요한 사회생활 기술을 배우게 해 줍니다.

초등학생의 필수 준비물은 스스로 한다는 마음

아이들이 가장 즐거워하는 것 중 하나는 준비물을 사는 것입니다. 입학하고 준비물을 갖추어 학교로 가져오는 것은 학생 모두 관심 있고 즐거운 일입니다. 자기 이름을 쓰거나 붙인 물건이라서 아이들은 너무 소중하게 여기죠. 그러나 4월이 되기 전에 제 책상 위에는 아이들이 소중하게 여기던 물건이 쌓입니다. 연필부터 지우개, 사인펜, 풀, 가위…… 주인을 잃은 것들이죠. 누구의 것인지 물어도 자기 것이 아니라고 합니다. 이제 막 초등학생이 된 아이들은 아직 스스로 해야 한다는 개념이 명확하게 있지 않기 때문입니다. 그래서 저는 1학년 때, 앞으로 초등학교생활을 잘 이어나가기 위해서 준비해야 할 것은 문방구에서 살 수 있는 연필, 지우개 같은 보이는 준비물보다 보이지 않지만 중요한 태도와 마음 준비물이라고 생각합니다.

필요한 것을 상대방에게 스스로 말하기

"네가 나를 돼지라고 놀려서 나는 기분이 나빠. 그러지 말았으면 좋겠어."

"선생님, 화장실 가고 싶어요."

"친구가 밀어서 머리를 부딪혔어요."

"지우개 좀 빌려 줘."

학교생활에서 꼭 필요한 말입니다. 하지만 이조차 스스로 할 줄 모르는 아이들이 많습니다. 원하는 것이 있는데 잘 안될 때 일단 울고 본다면, 담임 선생님이 상황을 파악하고 이유를 알기 위해 그 아이와 대화를 나누는 것이 어렵습니다. 의사소통 능력은 학교에서 뿐만 아니라 일상생활을 이어가는 데 중요한 능력입니다. 그러니 원하는 것이 있다면 이를 이룰 수 있도록 내가 하고 싶은 말을 할 수 있는 능력은 필수 준비물입니다.

스스로 주변 정리 정돈 하기

교과서를 시간표에 맞추어 미리 준비하고 집에 가기 전에 책상 서랍이나 책상 위의 책과 물건을 책상 서랍이나 사물함, 가방 속에 스스로 정리 정돈할 수 있어야 합니다. 사용한 학용품을 다음에 사용하기 편하도록 사물함이나 서랍에 넣어야 합니다. 뚜껑이 있는 물품들은 사용한 후 뚜껑을 닫아야 하고 뚜껑과 몸통 모두 이름을 써야 합니다. 이런 단정한 태도는 공부 시간에 집중도와 학습 능률을 높입니다.

학교에 따라 교실 배식을 하거나 급식실에 가는 경우, 식사 전에 책상 위를 정리 정돈하고, 만들기, 그리기 등이 끝나면 책상 위와 아래를 청소해야 합니다. 급식 시간에 나오는 음료나 요거트 등을 혼자 열고 먹기, 음식을 흘리지 않고 먹기 등 혼자 먹을 수 있는 훈련이 필요합니다. 선생님에게 계속 가지고 와서 부탁하는 아이가 있는가 하면 초기부터 혼자서 의젓하게 열어 먹는 아이가 있습니다. 혼자서 할 줄 아는 아이는 부러움의 대상이 되고 자존감을 높입니다.

쉬는 시간에 친구들과 보드게임 등 함께 놀이를 했다면 같이 정리해야 합니다. 평소 습관이 되지 않는 아이는 함께 정리하지 않고 쏙 빠져나와 친구들의 질타를 받게 됩니다. 이런 행동이 쌓이면 교우관계에 큰 영향을 끼칩니다.

초등학생임을 자각하기

가정에서 초등학교는 유치원이나 어린이집과는 다른 체제의 교육기관이라는 것을 의식하고 등교, 하교와 같이 아이가 스스로 초등학생임을 느낄 수 있는 단어를 사용해야 합니다.

초등학교는 이 사회 일원으로서 생활에 필요한 기초적인 교육을 시행하는 교육기관입니다. 즉, 혼자 공부하고 자기 할 일을 찾는 것을 배우는 곳입니다. 1학년부터는 유아교육에서 탈피해야 우리 아이가 한층 성장할 수 있습니다.

1학년 아이들은 입학식 이후, 알림장이나 L자 파일에 들어 있는 유인물(체험학습신청서, 학교에 제출해야 하는 가정통신문) 등을 제출하라는 안내를 받습니다. 저의 경우는 교사 책상 앞에 있는 노란 바구니에 넣어 두라고 하지요. 아이들은 처음에는 낯설어 하지만 금방 직접 바구니에 넣는 것을 재미있어 합니다. 스스로 해냈다는 자신감이 아이를 고양하기 때문이죠. 그런 습관이 만들어지면 등교하자마자 가방 속을 확인하는 아이가 많아집니다. 제출 여부를 확인하면 그제야 제출하는 아이도 있고, 엄마가 가방 속에 제출물을 넣어 두었는지 아예 모르는 아이도 있어요. 1학년부터는 자기 가방에 어떤 제출물이나 준비물이 있는지 알고 등교해야 합니다.

스쿨뱅킹 신청서와 개인정보 동의서를 제출하지 않았다는 사실을 방과 후에 학부모에게 문자로 알리니 다음과 같은 답이 왔다.

'책가방 속에 넣어 두었는데, 선생님이 좀 챙겨 주세요. 며칠째 그대로 가져오더라고요. 다음부터 좀 열어 봐 주세요.'

이에 대한 저의 답은 다음과 같았습니다.

'저는 학생의 책가방을 열어 보지 않아요. 학생 스스로 제출해야 하니 다음에는 아침에 학교에 가서 제출하라고 꼭 말씀해 주세요. 저도 가방 안을 보라고 이야기하겠습니다.'

어린이집이나 유치원에서는 유아니까 교사가 가방을 열고 확인할 수도 있겠지만, 초등학교는 학생 인권 보호 차원에서도 아이의 가방을 임의로 열 수 없습니다. 그래서 입학식 후, 한동안 담임 선생님은 반복해서 말하면서 습관을 잘 들일 수 있도록 노력하죠. 이때 가정에서도 아이와 함께 가방을 챙기며 정확하게 알려 준다면 아이의 바른 초등생활 습관을 형성하는 것에 도움이 됩니다.

아이의 준비물이나 과제를 챙기고 알림장을 확인하는 일은 초기에는 같이 하지만 결국 혼자 해야 합니다. 틀리고 못하더라도 자녀가 스스로 경험해야 발전하고 성장할 수 있습니다. 자녀의 경험을 막아서 학습할 기회를 뺏지 말아 주세요. 모든 것을 부모가 해 주면, 아이는 배울 기회가 없습니다.

1학년 학습 준비물은 교사가 예비로 준비해 두기 때문에 수업을 받는 것에는 문제없을 겁니다. 하지만 한 번의 수업이 전부가 아니지요. 아이가 초등생활의 모든 일은 내가 우선으로 챙기고 내가 책임져야 한다라는 더 큰 목표를 잊지 말아야 할 것입니다.

초등학교 첫 방학

방학에 가져오는 생활통지표 읽는 방법

1학년 첫 여름방학이 다가오면 걱정이 되면서 기대가 되는 것은 생활통지표일 겁니다. 요즘 통지표는 점수가 없고 글로 아이의 학습 성취 정도를 알립니다. 읽어 보면 전부 좋은 말만 적힌 것 같아 어떻게 받아들여야 할지 모르겠다는 의견이 많습니다. 해당 내용은 전적으로 담임 선생님의 판단과 표현이기에 선생님마다 다르겠지만, 약간 어감의 차이가 있습니다.

다른 사람이 들리게 또박또박 발표를 잘함. ⟶ 우수하게 잘하고 있다.
다른 사람이 들리게 발표를 할 수 있음. ⟶ 잘하고 있다.

다른 사람이 잘 들을 수 있게 발표할 필요가 있음. → 발표에 대해 좀 더 신경 쓸 필요가 있다.

차이가 보이죠? 초등학교의 평가는 성장을 중요하게 생각하기 때문에 부족한 점을 서술하는 것보다 발전하는 방향으로 이야기합니다. 생활통지표를 읽으며 부모님은 아이에게 학교에서 이렇게 잘하고 있었구나라고 칭찬하는 시간을 갖고 아이는 선생님께서 자신에게 이런 칭찬을 해 주셨구나 하고 자존감을 올릴 수 있습니다. 또 자연스럽게 학교생활을 이야기하며 1학기 동안 지내면서 어려웠던 것이 무엇인지 이야기 나누는 시간이 될 겁니다. 공부 중에 어려웠던 것이 있다고 하면 방학 동안 대비하는 것도 의미 있는 방학을 보내는 방법일 겁니다.

만약 아이의 학습 상황을 더 자세하게 알고 싶다면 '나이스 대국민 서비스(https://www.neis.go.kr)'의 학부모 서비스에 들어가서 자녀의 교사별 평가 결과인 '교과 평가'를 찾아보면 됩니다.

회원 가입을 하고 해당 초등학교를 찾아 자녀를 등록한 뒤, 학교의 승인을 받아야 사용할 수 있습니다. 그러니 학기 중에 미리 가입하여 승인을 받는 것을 추천합니다.

교과 평가는 학기 중에 수업을 진행하면서 평가한 결과가 3~5단계로 나누어 기록되어 있어요. 학교에 따라서 생활통지표에 기재되어 나가는 곳도 있습니다. 1학년 교과평가는 실기 위주의 평가가 많아요. 열심히 참가하면 점수가 높게 나오는 편입니다. 평가는 매우 잘함, 잘함, 보통, 노력 바람 등 4단계로 나누어 표기됩니다. 단계를 정확하게 나누기 어렵지만 100점 만점으로 볼 때 매우 잘함은 100~80점 정도, 잘함은 79~60점 정도, 보통은 59~30점 정도, 노력 바람은 29~0점 사이라고 볼 수 있어요.

이때 '보통' 이하라면 아이가 해당 단원을 조금 어려워했다, 혹은 관심이 없었다 등으로 받아들이고 방학 동안 어려웠던 부분을 복습하거나 부족한 것을 채울 것을 권합니다. 만약 실기 평가에서 '보통' 이하라면 기능면에서 부족한지, 수업 시간에 열심히 참여했는지 아이와 이야기 나눠 보세요.

과거에 점수로 나오던 통지표보다 두리뭉실하다며 불만스러워하는 학부모도 많습니다. 하지만 이는 학생 성장을 가장 중요하게 여기며 평가하도록 하는 국가 정책과 연결되어 있습니다. 아이들을 한 줄로 세우기가 아닌, 여러 방향으로 성장할 수 있도록 하는 교육적 흐름에 의한 것입니다.

여기서 부모님이 확인해야 하는 더 중요한 것이 있습니다. 바로 행동발달상황입니다. 이것은 학생의 행동과 교과, 학교생활 전반에 대해 교사가 보고 느낀 점을 서술한 것입니다. 1학기와 2학기에 모두 좋은 말이 적혔다면 아이는 학교생활을 잘하고 있는 것입니다. 이는 평생 생활기록부에 남는 부분이라 대부분 선생님이 긍정적으로 적습니다. 다만 '어떤 행동을 할 필요가 있다'거나 '어떻게 하면 좋겠다'는 표현이 있다면 반드시 해당 행동에 대해 아이와 함께 이야기하고 생각해야 합니다.

"우리 아이는 국제 중학교에 가야 하는데 이렇게 쓰시면 어떻게 하나요? 선생님 때문에 떨어지면 책임지시나요?"

민원 전화로 따지는 것보다 우리 아이에게 변화가 시급하다는 사실을 받아들이는 것이 더 필요한 때입니다. 담임 선생님의 의견 글에는 행동의 변화가 있으면 좋겠다는 간절한 마음이 담겨 있다는 것을 잊지 마세요.

흔히 중학교 1학년 첫 시험 성적이 대학을 결정한다거나 고 1 첫 중간고사가 대학을 정하는 기준이 된다는 말을 합니다. 초등학교에서 부모에게 보내는 평가의 결과는 점수나 등수, 등급이 없어서 중, 고등학교에 비하면 덜 확실합니다. 그러나 생활통지표를 객관적인 눈으로 읽어서 잘하는 분야는 더 살리고, 부족하거나 노력해야 할 점은 지원하도록 해야 합니다. 그런 부모님 아래서 자라는 아이는 정서적으로 학업적으로 모두 안정적인 모습을 보입니다.

아이의 성장을 돕는 방학 생활 방법

몇 년 전 어느 온라인 교육기관에서 학생들에게 방학 동안 가장 하고 싶은 것을 물었더니 가족 여행을 가고 싶다는 대답이 제일 많았고, 제일 하고 싶지 않은 일에는 방학 과제나 일기 쓰기가 있었습니다. 반면 부모는 공부와 책 읽기가 1, 2위였고 3위가 가족 여행이었습니다.

실제 교실에서 아이들에게 방학 동안에 하고 싶은 일을 물어보면 결과가 비슷합니다. 여행 말고 게임을 종일 하고 싶다는 아이들도 많고 늦잠을 늘어지게 자겠다는 아이도 있습니다. 친구들과 매일 만나 놀이터에서 놀 거라고도 하고요. 이런 아이들 속에서 제일 얼굴이 안 좋은 아이들은 학원에 간다는 아이와 아무 계획이 없는 아이입니다. 부모님은 부모님대로 고민이 많습니다. 어떤 학원을 보내야 할지, 어디로 여행을 가면 좋을지, 아이가 집에 혼자 있어 식사를 어찌해야 할지, 게임을 많이 하는 아이와 어떻게 싸워야 할지, 책을 안 읽는 아이에게 어떻게 책을 읽힐지 등등 방학을 앞두고 본격적인 동상이몽이 시작되지요.

엄마와 아이의 꿈을 모두 충족시킬 방법이 있습니다. 바로 방학 동안 아이가 흥미를 느끼는 분야에 집중하는 것입니다. 아이의 취미와 관심사를 존중하고, 그에 맞춰 활동을 계획하는 것입니다. 그렇게 되면 아이 스스로 학습에 참여하도록 유도할 수 있습니다. 이런 활동을 방학 중에 집중하면 아이의 자기 관리 능력과 독립성을 키우는 데 도움이 됩니다.

엄마의 '공부해야 하니까 이거 해야 해.'라는 주장으로 짜맞추어진 방학 계획은 아이에게 지옥 같다고 느끼게 합니다. 영어

특강으로 열흘 이상씩 아침에 가서 점심까지 먹고 평소 학교 시간보다도 늦게나 되어 집에 옵니다. 그리고 태권도, 피아노, 논술, 축구까지 일주일을 빼곡하게 다닌다면 아이는 개학을 간절히 원하게 됩니다. 너무 많은 학습 부담으로 과도한 스트레스를 받을 아이의 정서적 건강을 고려해야 합니다. 학습하는 시간에 비례하여 여가 활동을 맞추는 것이 중요합니다. 공부만큼이나 취미 활동도 아이의 발달에 중요한 역할을 하기 때문입니다.

또 무엇보다 방학 중에는 가족과의 시간을 꼭 만들어야 합니다. 가족과 함께하는 시간은 아이에게 소중한 추억과 서로의 유대감을 강화할 수 있는 기회입니다. 가족과의 여행이나 체험 활동, 여가 생활 중에 여러 일을 해 봄으로써 낯선 과제도 내가 할 수 있다는 자기 자신에 대한 믿음, 자기 효능감을 확인한 아이들은 학교에서 자신 있게 발표하고 다른 사람들 앞에서 더 당당할 수 있습니다.

방학 동안 추천하는 활동은 첫째, 가족 여행입니다. 백문이 불여일견이라고 어릴수록 여행은 모든 면에서 좋습니다. 글, 사진, 영상이 아닌 직접 눈으로 본 것의 가치는 그 어떤 것과 비교할 수 없죠. 숲, 산, 바다 등 자연과 유적지, 박물관, 미술관 등에서 자연스레 얻는 정서적, 신체적, 지식적 건강은 어떤 선생님도 학원도 줄 수 없는 것입니다.

둘째, 창의력을 키우는 활동을 해 보세요. 공연, 미술, 음악,

공예, 무용 등 다양한 분야를 접할 기회를 만들어 주세요. 이런 활동은 아이에게 엄청난 자극이 돼 아이의 시야를 넓힐 수 있습니다. 같은 사물을 다르게 보는 눈을 갖게 되는 것이죠. 외부 활동이 어렵다면 학교생활에서 꼭 필요한 종이접기, 가위질 하기, 줄넘기 등을 가정에서 해 보는 것도 좋습니다. 이때 아이가 부담을 느끼지 않게 활동하는 것을 잊지 마셔야 합니다.

셋째, 빈 학습 활동 메꾸기입니다. 학기 중 아이가 이해하지 못했거나 오해한 주제나 개념이 있는지 확인하는 시간을 가져 보세요. 선생님의 통지표 속 의견을 참고하는 것도 좋습니다. 그렇게 학습 구멍을 발견했다면 아이와 관련 이야기를 자주 나누며 부모가 직접 아이를 가르쳐도 좋고, 학원, 학습지, 인터넷 강의까지 아이의 성향에 맞게 학습을 진행해 보세요.

넷째, 사고력을 키우는 활동을 해 보세요. 유튜브, 게임 등을 할 수 있는 스마트폰, 태블릿 같은 디지털 기기를 멀리하고 책을 읽고 생각할 수 있는 시간을 주는 것입니다. 이때 아직 글 쓰는 것이 힘든 1학년이니, 그림으로 그리기, 발표하기, 토론식으로 이야기하기 등 독후활동을 다양하게 해 주세요. 독후활동은 책 이야기를 자신의 머릿속에 담았다가 자신만의 방법으로 풀어 표현하는 것입니다. 이 과정을 통해 아이는 집중하여 읽고 말하는 사고력이 길러질 것입니다.

스캐빈저 헌트로 방학 동안 집중력 키우기

스캐빈저 헌트는 무엇을 찾을지 목록을 정하고 그 물건이나 식물, 동물을 찾는 것이다. 일종의 보물찾기로 아이와 함께 일상생활에서도 할 수 있다.

예를 들어, 아이와 집 앞 편의점에 가면서 들리는 소리, 보이는 것, 느껴지는 감각 등 오감을 이용해 기록할 것을 찾게 하여 집에 와 기록한다.

"공원에서 신문을 읽고 있는 사람을 찾아봐. 몇 명인지 세어 봐야 해."

"우리 아파트에서 느티나무를 찾아볼래? 사진은 여기에 있어. 찾으면 이 표에 체크 표시하면 되는 거야."

주차장에서 흰색 승용차가 몇 대 있는지 등 얼마든지 변경이 가능하다. 이 방법은 집중력, 관찰력과 사고력을 향상시킬 수 있다. 또 관찰하며 어휘력도 키울 수 있는 놀이 방법이다.

입학 전에 익숙해져야 할 슬기로운 급식 습관

"그만 먹을래요."

불만 가득한 얼굴로 아이가 식판을 내밀었습니다. 반찬 조금에 국은 아예 담지 않았던 식판은 거의 그대로였습니다.

"좀 더 먹어 보면 좋겠는데?"

대답 없이 서 있는 아이를 보면서 가라고 할 수밖에 없습니다. 유난히 작은 키에 부모님은 신경을 많이 쓰는데 입학 이후로 아이의 입은 점점 짧아져만 갑니다.

알레르기, 저학년용 맵기 등 섬세한 급식

부모는 급식 시, 알레르기가 있는 음식을 피할 수 있는지, 매운 음식이나 가시가 있는 생선이 나오지 않는지 궁금해합니다. 이러한 문제에 대해 학교에서는 알레르기가 있는 학생들을 위해 미리 다른 방식으로 조리하여 식단을 제한하고 있습니다.

입학하고 학생 건강조사서에 자세하게 적어서 제출하면 보건실과 급식실에서 알레르기에 노출되지 않도록 따로 준비를 해서 배식을 합니다. 예를 들어 호두 알레르기가 있다면, 호두 멸치 볶음이 나오는 날 호두를 뺀 멸치볶음을 작은 그릇에 따로 담아 놓았다가 영양사 선생님이 학생의 이름을 확인하고 별도로 배식합니다.

떡볶이나 제육볶음 등 매운 음식은 학년 별로 다르게 조리하여 저학년에게는 매운 음식이 거의 배식되지 않습니다. 생선도 가시를 모두 발라낸 것을 사용합니다. 물론 아이들이 먹는 것을 담임 선생님도 먹기 때문에 생선이 나온 날은 반드시 아이들에게 가시가 있을지 모르니 살펴보며 먹도록 교육합니다. 참고로 학교 급식을 처음 먹은 아이들은 대부분 "유치원보다 맛있어요.", "이런 음식은 처음 먹어 봤는데 맛있어요." 등 긍정적인 반응이 많습니다.

젓가락 사용법과 음료수 뚜껑, 우유곽 여는 연습 필요

아직 소근육 발달이 완전치 않은 아이들은 젓가락 사용이 쉽지 않습니다. 입학하여 숟가락과 젓가락만으로 식사하는 것이 생소한 아이들은 급식 시간이 어렵고 당황스러운 시간이 될 수 있습니다. 그러니 입학 전 가정에서 미리 보조 젓가락을 이용하여 젓가락에 익숙해지도록 해 입학 후 쇠젓가락 사용을 목표로 삼아야 합니다. 숟가락만으로 먹는 아이들은 면 종류는 거의 못 먹는 음식이 되니, 젓가락질 연습은 미리 하는 것이 좋습니다.

또 아이가 우유나 음료수, 요구르트를 열 수 있도록 미리 연습하면 좋습니다. 낑낑 대며 열지 못해 담임에게 내미는 아이도 있지만 스스로 열거나 따서 먹는 아이도 있습니다. 못하는 친구에게 "내가 열어줄까?" 하고 간단하게 비틀어서 뚜껑을 열어 주는 행동을 통해 스스로 해결하는 능력과 자신감을 키울 수 있습니다. 못하다가 스스로 할 수 있을 때의 성취감을 맛볼 수 있도록 연습 기회를 많이 주고 기다려 주세요.

편식 지도

까다로운 식습관을 가진 아이의 부모는 학교 급식에 대해 많은 걱정을 합니다. 이러한 부모들은 종종 아이가 먹고 싶지 않은 음식을 남기면 혼나는지 고민하거나, 편식 지도가 필요 없다는 의사를 미리 표명하기도 합니다. 또 음식을 억지로 먹이는 것이 아이에게 부정적인 감정을 유발할 수 있다고 생각하며, 아이의 선택권을 존중하는 것이 중요하다고 주장합니다.

하지만 편식 지도를 하지 않을 경우, 여러 가지 문제가 발생할 수 있습니다. 학교 급식뿐 아니라 집에서도 다른 음식은 거의 먹지 않고 떡볶이만 먹는 아이가 있었습니다. 이렇게 특정 음식만을 고집하게 되면, 필수 영양소가 결핍될 위험이 커집니다. 이는 성장 지연이나 면역력 저하와 같은 건강 문제로 이어질 수 있습니다. 또 학교에서 다양한 음식을 경험하지 못하면, 아이는 급식 시간에 소외감을 느낄 수 있고 특정 음식에 대해 두려움이나 거부감을 가질 수 있습니다. 이는 음식에 대한 긍정적인 태도를 형성하는 데 방해가 됩니다.

부모가 아이의 선택권을 존중하는 것도 중요하지만, 편식을 방치하는 것이 과연 아이에게 선택권을 주는 것인지 고민해 봐야 합니다. 부모의 관리 아래에서 골고루 먹는 경험을 바탕으로 아이가 건강한 식습관을 선택할 기회를 주는 것이 옳지 않을까요? 그렇지 않으면 성인이 되었을 때도 건강한 식습관을 갖기 어려울 수 있습니다. 이는 건강에 부정적인 영향을 미치고, 사회적 상황에서도 어려움을 초래할 수 있습니다.

결론적으로, 아이의 편식 문제를 해결하기 위해서는 부모가 적극적으로 편식 지도를 해야 합니다. 아이가 다양한 음식을 경험하고, 건강한 식습관을 형성할 수 있도록 지원하는 것이 필요합니다. 부모가 가정에서 아이의 편식을 고치고, 학교 급식을 잘 먹을 수 있도록 도와줄 수 있는 방법은 여러 가지가 있습니다. 이런 방법들을 통해 유치원부터 조금씩 편식을 고쳐나가는 노력이 필요합니다.

첫째, 아이에게 다양한 음식 경험을 제공하는 것입니다. 계절에 맞는 과일과 채소를 사용하여 식사를 준비하고 찌기, 굽기, 볶기, 삶기 등 다양한 조리법을 시도하여 아이가 좋아할 수 있는 방법을 찾아보세요. 그리고 가족이 함께 요리 클래스에 참여하거나 온라인 요리 영상을 보며 함께 요리를 자주 하는 것도 좋습니다. 아이가 직접 음식을 만드는 경험은 음식에 대한 흥미를 높이는 데 도움이 되지요. 체험학습을 계획할 때 지역 농장이나 과일 따기 체험에 참여하여 신선한 재료를 직접 보고 수확하는 경험도 도움이 됩니다. 아이가 직접 수확한 과일이나 채소를 집에서 요리하면 더 맛있게 느낄 수 있습니다.

둘째, 긍정적인 식사 환경을 조성합니다. 식사 시간은 아이가 음식을 즐겁게 경험할 수 있는 중요한 순간이므로 가족이 함께 모여 식사하는 시간을 가지세요. 이때 대화와 웃음이 넘치는 분위기를 만들어 아이가 편안하게 음식을 즐길 수 있도록 합니다. 아이에게 음식을 강제로 먹이지 말고, 새로운 음식을 시도할 수 있는 기회를 주되, 강요는 피하세요. 아이가 스스로 선택하고 경험하게 하는 것이 중요합니다. 아이가 특정 음식을 왜 싫어하는지 이해하기 위해 대화를 나누고, 그림책을 통해 자신과 비슷한 상황에 있는 다른 아이가 어떻게 그 음식을 먹게 되는지 이해하고 공감할 수 있게 하면 좋습니다.

셋째, 점진적인 노출과 보상 시스템을 활용합니다. 학교 급식표에 새로운 음식이 등장했다면 미리 어떤 음식인지 알려 주고 집에서 먼저 먹어 볼 수 있다면 좋겠지요. 하지만 그럴 수 없다면 평소에 새로운 음식을 처음 시도할 때는 아주 작은 양을 제공하여 아이가 부담 없이 시도할 수 있도록 합니다. 점차 양을 늘려가며 아이가 익숙해지도록 도와주세요. 아이가 우연히 새로운 음식을 시도했을 때 칭찬하거나 작은 보상을 주는 방법도 효과적입니다.

학교 급식에서 생소한 음식을 접할 경우, 가정에서 이런 과정을 거친 아이는 담임 선생님이 살짝 권하면 조금 먹어 보고 감탄하는 경우가 많습니다.

"우와! 이런 맛이었어요? 우리 엄마보다 요리 잘해요."

"그럼, 급식소에는 요리 자격증 가진 분들이 많아. 선생님이나 엄마보다 요리를 잘하시지."

이런 소동 속에 옆 친구들도 그 음식을 먹어 보는 기회를 가지게 되고 서로 공감하는 일이 되지요.

"엄마, 오늘 나 학교에서 처음으로 깐풍기 먹어 봤어. 처음에는 안 먹으려다 선생님께서 맛있다고 해서 먹었는데 진짜 맛있었어."

이런 기특한 말을 하는 아이에게 작은 보상을 준다면 학교 급식에 더욱 도전적으로 변할지도 모릅니다. 아이에게 맞는 다양한 방법들을 찾는 노력으로 부모는 아이의 편식을 효과적으로 지도하고, 학교 급식에서도 다양한 음식을 즐길 수 있도록 도와줄 수 있습니다.

급식 시간은 자기 관리 능력을 키우는 시간

초등학교에서는 급식 시간이 끝나면 바로 하교, 청소 활동 혹은 다음 과목 수업 등이 예정되어 있습니다. 즉, 아이 한 명 한 명의 식사가 끝나기를 마냥 기다릴 수 없는 구조죠. 그러니 아이가 느리게 먹는 편이라면, 혹은 식사 시간에 딴짓을 많이 하는 편이라면 입학하기 전 지정된 시간 내 식사를 마치는 연습을 해야 합니다.

학교 급식 시간은 단순히 식사 제공을 넘어, 학생들에게 시간 관리와 식사의 중요성을 가르치는 교육적인 시간입니다. 아이들은 지정된 시간 내 식사를 완료하고 다음 활동을 하면서 시간을 어떻게 효율적으로 사용하는지를 알아가게 됩니다.

4월 정도까지 1학년 아이들은 점심시간에 논다는 사실을 신기하며 좋아합니다. 그러나 식사를 늦게 하면 그 시간이 줄어든다는 사실은 깨닫지 못하죠. 그러다가 점점 점심 후 놀이 시간이 식사 시간과 연결된다는 점을 알아차리게 됩니다. 이렇게 되면 아이들은 놀고 싶어서 식사를 거의 먹지 않고 버리고 가기도 합니다.

"학교에서 아이한테 점심을 조금만 주시나요? 하교하면 배가 고프다고 먹을 것을 달라고 해요."

1학년 부모님들이 자주 말씀하시는 부분입니다.

대부분 먹고 싶은 만큼 배식하고 더 먹고 싶은 사람은 더 받을 수 있는 자율 배식이기 때문에 급식 양이 적어 학생이 배가 고픈 경우는 드뭅니다. 아이가 집에 와서 배고프다고 하는 경우는 대부분 놀기 위해서, 반찬이 입에 맞지 않아서, 너무 천천히 먹어 시간 내에 먹지 못한 경우일 겁니다.

미션 음식으로 바른 식습관 기르기

급식에 관심을 가지고 잘 먹기 위해 해마다 우리반 아이들과 '미션 음식 다 먹기'를 한다. 일일 반장(번호대로 돌아가며 반장 업무를 한다.)이 미션 음식을 선정하면 해당 음식은 다 먹는 것이다. 선생님이 아닌 친구인 반장에게 미션 음식을 먹었다는 것을 보이기 위해 밥과 다른 반찬을 알차게 먹는 변화가 조금씩 생긴다. 점심을 잘 먹어야 열심히 놀 체력이 생긴다는 말과 점차 익숙해지는 급식 문화에 4월이 지나면 입학 초기에 비해 아이들의 식사량이 느는 경우가 많다.

아이들은 점심시간이 1시간이라면, 어떻게 하면 이 시간 안에 식사를 마치고 놀거나 도서관에 갔다 올지 생각하고 시간을 나누어 실행하는 법을 깨닫습니다. 이는 단순히 빠르게 먹는 것이 아니라, 어떻게 하면 시간을 잘 배분하여 편안하게 식사할 수 있을지를 배우는 과정입니다. 아이들은 대화를 나누면서도 식사에 집중해야 하며, 자신의 속도를 조절하는 방법을 익혀 나갑니다. 바로 급식 시간을 집중력과 자기 관리 능력을 기를 수 있는 기회로 만드는 것입니다.

학부모 모임, 그것이 알고 싶다
학부모회

아이가 교문에 들어가면, 엄마들은 교문 앞에서 삼삼오오 모여서 궁금증을 풉니다. 큰아이가 있는 엄마들이 이야기의 주도권을 잡고 소소한 꿀팁부터 여러 궁금증을 풀어 줍니다. 학교 근처 카페가 아지트로 변하곤 하지요. 3월, 엄마들은 학교의 분위기나 선생님의 스타일, 그리고 학부모회나 학교운영위원회 같은 단체가 무엇인지 제일 궁금해합니다.

학부모회는 학부모회 조례에 근거한 법정 기구로서 모든 학부모가 다 포함되는 자치 기구입니다. 구성원이 되는 것은 필수적이며 선택사항이 아닙니다. 학부모들이 학생들의 교육 활동을 돕고 학부모가 주체가 되어 운영하는 단체입니다. 조직의 기초는 각 학급 학부모회이며, 학년 학부모회 그리고 전체 학부모회가 구성됩니다.

학부모 총회는 3월 중순 수요일 오후에 많이 열립니다. 입학식 이후 담임 선생님을 만나고 자녀의 공부한 흔적을 처음 볼 수 있는 날이기도 합니다. 학부모회는 각 학부모회 회장, 부회장이 그날 선출되거나 자원하여 정해지고, 학급의 회장이 모여서 전체 학부모회 회장, 부회장, 감사를 뽑는 시스템입니다. 학부모회의 활동은 학부모회 대위원회에서 학급 대표들이 모여 무엇을 할지 의논하여 정하거나 학교 측의 도움을 받아 자녀 교육을 위한 부모 교육이나 취미 교실 등을 열 수 있어요. 이때 학교에서 필요한 강사비나 재료비 혹은 간식비 등을 어느 정도 지원할 수 있어요. 이런 모임에 참가하여 다른 학부모와 교류할 수도 있고, 새로운 교육 정보를 얻어서 부모 역량을 높이는 계기로 삼으면 더 좋습니다.

일부 부모님들은 학부모 총회에 일부러 불참하기도 합니다. 그날 참석하면 회장을 뽑아야 하는데 아무래도 얼굴을 마주한 사람들끼리 정하게 되니까 그 분위기가 싫어서 아예 가지 말라고 조언하는 선배 부모들이 있지요. 틀린 말은 아니지만 입학 후에 학교 정보가 없어 답답한 경우, 자녀의 친구 관계를 넓히고 싶은 경우, 선생님과 빠른 공감대를 형성하고 싶은 경우 등에 해당한다면 참가하는 것을 권합니다. 가능하다면 회장을 못

정해서 곤란한 분위기에서 선생님을 돕겠다는 마음으로 자원하면 다른 부모와의 관계를 이끌 수 있어 우리 아이의 기를 살리기에 좋은 면이 있어요.

"우리 엄마가 회장이야?"

이런 말을 하는 아이의 마음은 이미 엄마를 자랑스럽게 생각하니까요.

학부모회장은 반 학부모의 대표 역할을 하는데 학부모회에서 해야 할 활동을 생각해 보고 적극적으로 나서는 것도 좋아요. 학부모회의 활동은 학교 운영에 대한 의견 제시나 학교 교육이 잘 되고 있는지 모니터링하고 학부모들이 주최하여 우리 아이들을 위한 교육 기부활동과 자원봉사를 할 수 있어요. 교육공동체로서 학부모 스스로 학교를 위해 직접 모임을 하고 힘을 합쳐 선한 영향력을 행사하는 것입니다.

학교에 개선해야 할 점이 있다면 엄마들끼리 모여 이야기하는 것보다 학부모회에서 건의하고 함께 고쳐나간다면 훨씬 건설적이겠지요. 학부모회는 학부모의 불만을 학교에 강력하게 관철시키는 집단이 아닙니다. 학생을 위해 교직원과 함께 활동하는 가족 같은 교육공동체이며 학교에서 학생을 가르치는 교육 활동에 직접 참여하는 당사자입니다.

교통량이 많은 사거리 앞에 위치한 학교에 근무할 때 일입니다. 아이들이 건널목을 건너는 일이 빈번한데 학원 시간이 늦거나 기다리기 싫어하는 고학년들이 사거리의 횡단보도 신호를 무시하고 건너는 일이 많았어요. 학기 초, 학교에서 아이들이 무단횡단하지 않도록 지도하지 않는다는 불만 민원이 제법 많았던 학교였죠. 심지어 교사들이 하교 지도를 하며 아이들이 횡단보도를 건너는 것을 지켜봐야 한다는 의견이 나왔지요. 1학년 담임으로서 3월 한 달 정도는 하교 지도를 할 수 있지만 전체 학년을 대상으로 하는 것은 어려움이 많았어요.

"왜 선생님한테만 맡기려고 그러세요? 우리 아이들이니 엄마들도 나서야죠."

의욕적인 그해 학부모회장과 뜻을 같이하는 엄마들이 자원을 하고 조를 짜 하굣길 횡단보도를 지키기 시작했어요. 동시에 경찰서와 지방자치단체에 횡단보도 시스템을 변경하고 신호위반과 속도위반 카메라를 달아 달라고 민원을 넣었죠.

학교에서도 이미 똑같은 내용의 공문을 보냈지만 감감 무소식이었는데, 그것과는 비교가 안 되게 빠른 속도로 사거리의 교통 환경이 개선되기 시작했어요. 횡단보도 지키미에 참가하는 엄마들도 많아졌고 무단횡단하는 아이들도 사라졌죠. 해마다 2~3명의 교통사고가 일어났던 장소였지만 그해에는 없었어요.

그런 결과를 본 학부모회는 민원을 넣거나 학교에 압력을 행사하기보다 학교를 위해 해야 할 일을 찾아 하기 시작했어요. 학교가 좋아지면 바로 우리 아이들이 행복해진다는 것을 깨달은 것이죠. 학부모의 민원이 줄어들자 선생님들의 어깨가 가벼워지면서 수업 준비 시간이 늘어나고 공부시간이 더 재미있다는 아이들의 평가로 이어졌죠.

학부모회가 학교 발전, 학생의 성장, 교사와의 소통을 도운 것입니다. 이처럼 학부모회가 교육자치 단체가 되도록 학부모들의 노력이 필요합니다.

학부모 모임, 그것이 알고 싶다
학교운영위원회

학교운영위원회는 초·중등교육법 및 초·중등교육법 시행령 등에 근거하여 설치 운영하며 학교 운영에 필요한 교육 활동, 체험학습, 방과후 프로그램 등 학교 정책을 심의하는 법정 기구입니다. 즉 학교의 어떤 사업을 할지 말지를 결정하는 것이 아니라 학교의 어떤 활동이 교육의 목적에 맞는지 토의하는 일을 합니다.

학교운영위원회에서는 학교 교육 과정 운영, 학교 예산 결산, 수익자 부담인 방과후 프로그램비나 체험 활동비 등을 심의합니다. 학교장은 학교운영위원회의 심의를 존중하여 학교 교육 과정을 운영합니다. 다만 학교운영위원회에서 모든 교육 활동을 심의하는 것은 아니며, 결정에 대해서도 학교장이 절대적으로 따라야 하는 것은 아닙니다. 상황에 따라 보완하여 적용하거나 아예 다르게 적용될 수도 있어요. 학교운영위원회는 학교와 협력적인 활동을 하는 기구로 학교 운영체제 위에 있는 의사결정기구는 아닙니다.

학교운영위원회는 학부모 위원, 교원 위원, 지역 위원으로 구성되며 위원장과 부위원장이 회의를 이끌어 갑니다. 학부모 위원은 학부모 전체 회의에서 직접 선출하는데, 3월에 열리는 학부모총회에서 같이 진행됩니다. 학기 초에 여러 가지 동의서와 신청서를 가정에서 받을 수 있는데 그 중 '학부모 위원 입후보 신청서'를 작성하여 제출하면 학부모 위원으로 입후보할 수 있어요. 이때 학부모회 동의서와 학교운영위원회 동의서는 본인이 불참하는 경우 학부모총회에서 결정되는 것에 동의한다는 내용의 동의서이므로 제출하는 것이 좋아요.

학부모 위원은 입후보자가 선출하는 인원수와 같거나 적으면 무투표 당선이고, 많으면 학부모총회에서 투표합니다. 선거관리위원회가 구성되고 선거 공고 및 입후보 공고까지 내는 일련의 공식적인 과정으로 진행됩니다. 교원 위원은 교직원 회의에서 무기명 투표로 선출되며, 지역 위원은 학부모 위원이나 교원 위원의 추천을 받아 교원 위원과 학부모 위원의 무기명 투표로 선출됩니다. 대부분 지역의 교육 관계자 중 학교와 관련 있는 분들이 됩니다. 임기는 4월 1일부터 다음 해 3월 31일로 2회까지 연임할 수 있어요.

모든 선거 일정이 끝나면 위원장과 부위원장을 선출하고 본격적인 활동이 시작됩니다. 위원장은 학교장이 선정하는 것이 아니라 위원 중에 무기명 투표로 선출이 되며, 회의를 직접 진행합니다. 부원원장은 위원장이 출석하지 못할 때 역할을 대행합니다. 회의는 1년 동안 정해진 4회는 반드시 해야 하며, 임시회의는 학교에서 필요한 사항이 있을 때 열게 됩니다. 회의 시간은 안건에 따라 다르지만 1시간 내외로 이루어집니다. 회의는 필요 안건을 제출한 담당자들이 작성한 회의 자료를 우편으로 미리 받아서 검토 후 회의에 참가하게 됩니다.

학부모 생활이 처음인 1학년 학부모들은 자신이 학교운영위원회 활동을 해도 되는지, 어떤 활동을 하는지 등을 문의하는 경우가 있어요. 학교운영위원회는 학부모회와 좀 다른 종류 같지만 결국 우리 아이들의 교육 활동을 돕는 것은 같습니다. 누구라도 아이들의 교육 활동에 관심이 있다면 참여할 수 있습니다.

학교운영위원회에 참여하다 보면, 가끔 자녀 학급의 수업 방식을 비판하거나 담임 선생님을 향한 인신공격을 하는 경우가 있습니다. 학부모 입장에서 느낀 단순 민원을 회의 시간에 올리는 것은 바람직하지 않습니다. 학부모를 대표하는 자리인 만큼 중립적인 태도를 보이는 것이 좋겠지요. 학부모의 의견을 학교에 전달하고 학교의 상황을 학부모에게 전달하며 학부모들과 학교의 소통을 도울 수 있어야 합니다.

학부모 모임, 그것이 궁금하다
자원봉사활동

녹색어머니회, 어머니폴리스, 도서 위원, 급식 검수 위원은 우리 아이를 위해 부모가 자원봉사활동을 하는 기구입니다.

녹색어머니회는 워낙 오래되어 다들 알고 있듯 아이들 등교 시간에 횡단보도의 안전한 통행을 돕는 활동을 합니다. 주로 학교 주변 아이들이 많이 이용하는 횡단보도 중심으로 배치됩니다. 예전에는 희망자를 중심으로 1년 동안 활동 시간표를 만들었지만, 요즘은 모든 학부모가 1년 동안 1~2번은 참여하도록 시간표를 작성하는 추세입니다. 모든 학부모가 의무적으로 참여하는 것으로 바꾸다 보니 출근 때문에 할아버지, 할머니 등 온 가족이 총동원되거나 심지어 아르바이트까지 쓰는 등 웃지 못할 새로운 풍경이 만들어지기도 합니다. 녹색어머니회는 학급별로 구성되며 학년, 학교 전체 순으로 회장이 정해집니다. 녹색어머니회 회장의 주된 역할은 당번이 누락 되지 않도록 조를 알려 주고, 어려움이 있다면 해결 방법을 학교와 의논하는 것입니다. 녹색어머니회는 아이들의 안전을 위한 자원봉사활동이므로 적극적인 참여가 필요합니다.

어머니폴리스는 주로 오후 시간에 이루어지며 학교 주변을 순찰하면서 학교폭력 예방 활동을 하거나 교통지도를 합니다. 어떤 학교에서는 녹색어머니회처럼 의무적으로 모든 부모가 활동을 하기도 하고 희망자만 받아서 진행하는 학교도 있습니다. 활동은 아이들이 집으로 돌아가는 시간대인 오후 1~3시에 학교 주변을 순찰하는 것입니다. 어머니폴리스도 학급별, 학년별, 학교 전체 모임이 있어요.

이렇게 아이들의 바깥 생활을 도와 주는 일을 하는 모임 외에도 학교에서 봉사활동을 할 수 있어요. 대표적인 것으로 도서위원과 급식 검수 위원 활동입니다.

도서 위원은 도서관에서 책을 정리하고 대출, 반납을 돕고 도서관 행사를 지원하는 일을 합니다. 도서 위원의 좋은 점은 책을 가까이할 수 있고 학교 도서관에서 다른 사람보다 책을 더 빌릴 수 있다는 점입니다. 그리고 새로운 책이 도착하면 먼저 알 수 있다는 것도 큰 장점이죠. 또 학교 안에서 하는 활동이다 보니 아이가 엄마를 볼 수 있어 긍정적인 영향을 준다는 것입니다. 아이가 학교에서 활동하는 엄마를 보며 친구들에게 자랑하기도 하지요.

급식 검수 위원은 아이들이 먹는 급식의 재료를 구입하고 다듬는 과정, 음식으로 만들어지는 과정을 검수하는 일을 합니다. 학급마다 1~2명의 희망자를 받아서 참여하게 됩니다. 눈에 띄는 활동은 아니지만 급식이 어떻게 이루어지는지 궁금하거나 재료의 품질이나 조리 과정이 불안한 부모에게 좋은 자원봉사 활동입니다.

'아이가 학교에 다니는 것이지 부모가 다니는 것인가?'라고 생각할 수 있습니다. 그래서 많은 학교에서 학부모 활동을 의무적으로 진행하기보다는 참여형으로 진행하지요. 학교에서 진행하는 모든 학부모 활동의 기본은 자녀의 학교생활을 돕고 부모로서 효능감을 갖기 위함입니다. 아이가 다니는 학교에 적극적으로 참여하면 부모도 아이처럼 소속감을 느끼게 될 것입니다. 그리고 아이와 나눌 수 있는 대화 주제가 더욱 풍부해지겠죠. 아이의 말에도 더 깊이 구체적으로 공감하고요.

"오늘 녹색어머니 활동 했는데 아이들이 너무 신호를 잘 지키고 지나가면서 인사를 너무 잘 해서 엄마 기분이 좋았어."

"진짜? 나도 매일 '감사합니다'하고 인사하는데."

"그랬어? 엄마는 우리 딸은 인사 안 하면 어쩌나 걱정했는데 잘 하고 있구나."

"엄마, 끝나고 출근하느라 힘들었죠?"

아이는 엄마와 같은 공간, 같은 추억을 가질 수 있어 이 순간을 오래 기억할 것입니다.

다짜고짜 민원 넣기 대신 존중과 대화로

"우리 아이 약 좀 먹여 주세요. 어제 안 먹여 주셨더라고요. 가루약도 있어요."

1학년 담임을 하면 부탁 아닌 이런 민원성 전화를 자주 받게 된다.

우리나라 정부가 발표하는 통계 중 민원에 관련된 흥미로운 것이 있다. 흥미롭다고 말하기에는 슬픈 현실이지만 정확히 우리 세태를 보여 주는 것이라 생각이 든다.

정부의 통계 자료에 나온 민원 증가에 대한 그래프를 보면 정부 기관에 민원을 넣는 건수가 2017년에 200만 건이 되지 않았다. 현재는 이것과 비교하면 1,500만 건에 육박하여 급격하게 늘어났다. 2018년부터 늘기 시작한 민원은 줄어들 기미가 없는 것 같다.

이런 민원을 넣는 상황은 학교에는 더 혹독하게 반영되었다. 교사가 민원을 해결해 주어야 하는 사람으로 전락한 뒤로는 학부모가 하는 말과 행동이 달라진 것이다. 요청이라 볼 수 없는 말을 들어 주지 않았을 때 그 학부모로부터 당하는 교권 침해는 심각하다. 일부 부모들은 교사가 약을 냉장고에 보관했다가 가루약을 물약에 타서 아이에게 먹여 주어야 하는 것이 당연하다고 생각한다. 그러니 학부모의 말이 어떻게 곱게 나올 수 있겠는가.

'민원'의 낱말 뜻을 국어사전에서 찾아보면 '주민이 행정 기관에 대하여 원하는 바를 요구하는 일'이라고 나와 있다. 요청은 자신이 필요한 어떤 일이나 행동을 상대방에게 청하는 것이다. 같은 뜻인 것 같지만 사용하는 어감이 다르며 행할 때의 기분도 사뭇 다르다.

협력적인 관계에서는 요청의 예절을 지켜야 한다. 요청은 어른들 사이에서만 일어나는 것이 아니다. 초등학교 현장에서도 비일비재하게 발생한다. 교실에서 친구에게 효과적으로 요청하는 아이는 미움을 받거나 이기적이라는 말을 듣지 않는다.

학부모들은 '잘못한 일을 바로잡아 달라'고 요구하는 것뿐이라고 항변할지 모르겠다. 하지만 이런 요구나 일반적인 민원을 넣을 때도 예절은 분명 필요하다. 불만이 아니라 예절을 지켜서 말한다고 학교에서 바로잡아 주었으면 하는 일을 무시하지 않는다.

학부모와 교사 사이의 대화는 서로를 이해하고 존중하는 선에서 시작해야 한다. 그래야 아이들에게도 좋은 본보기가 될 것이다. 유명한 교육학자 존 듀이는 교육에서 서로 이야기하고 가치를 공유하는 것이 중요하다고 말했다. 이는 학부모와 교사의 대화에도 적용된다.

서로의 입장을 생각하고 감정을 이해하는 것이 중요하다. '당신은 이렇게 해야 해'라고 말하기보다는 '나는 이렇게 생각해요'라고 말하는 것이 부드럽게 말하면서도 자신의 뜻을 관철시킬 수 있는 효과적인 방법이다.

또 말할 때는 명확하고 간단하게 하는 것이 좋다. 효과적인 대화를 위해서는 메시지가 명확해야 한다. 너무 많은 정보나 복잡한 설명은 오해를 일으킬 수 있으니 핵심부터 말하는 것이 중요하다.

교사에게 비판적이기보다는 격려하고 지지하는 말을 하는 것이 좋다. 교사를 향한 긍정적인 태도는 교사와의 관계를 강화하고 개선하는데 도움이 된다. 요청한 후에는 교사의 의견을 잘 듣고, 그 의견에 따라 유연하게 대응하는 것 또한 중요하다.

이런 방법으로 대화하면, 학부모와 교사 사이에 더 매력적이며 우호적인 관계를 형성할 수 있다. 아이들 또한 더 안정적인 환경에서 배울 수 있게 될 것이다.

2장

우당탕탕,
슬기로운 초등생활

이제 아기가 아니라 학생이에요

1학년은 초등학생으로 아직 성장과 발달의 초기 단계에 있어 부모 입장에서는 걱정만 하게 됩니다. 하지만 1학년 학생들은 각자 독립성을 발휘하며 자신만의 생각과 감정을 가지고 있습니다. 이러한 단계에서 부모는 자녀의 성장 단계를 이해하고, 그들의 능력과 한계를 고려해야 합니다. "아직 아기니까."라는 변명은 종종 부모들이 자녀의 문제 행동을 못 본 척하거나 무시하거나 이 정도는 아무 일도 아니라고 생각하게 만드는 변명이 될 수도 있습니다.

귀여운 얼굴과 작은 체구를 가진 호영이는 잦은 지각과 해야 할 역할 활동과 학습 활동에 소홀했습니다. 답을 보고 교과서에 베껴 쓰는 쉬운 활동도 하지 않았습니다. 옆자리 짝에게 써 달라고 당당하게 요구하고 애교를 부려 해결하려 했죠. 마치 동생처럼 행동하는 모습에 어머니와 상담을 하게 되었습니다.

호영이 어머니는 아직 아기니까 이해를 부탁한다고 했습니다. 막내라서 다 해 주다 보니 할 줄 아는 것이 없어서 그렇다는 것입니다. 그동안 호영이는 필요한 일이나 말을 가족이 대신 해주고 있었습니다.

이렇게 부모가 "아직 아기니까 넌 괜찮아."라는 변명은 아이에게 부정적인 영향을 미칩니다. 아이는 문제 해결 능력을 키우지 못하고 다른 사람에게 모든 책임을 전가하는 경향이 생기고 자기주도적 학습을 하기 어렵습니다. 다른 아이들이 2학년으로 나아가는 시점에도 여전히 1학년을 넘지도 못합니다. 구체적으로 알아보면 아이는 부모가 자신의 문제를 심각하게 생각하지 않는다고 느끼고 이로인해 자존감이 떨어질 수 있습니다.

학교에서 호영이는 스스로 하지 못하는 일이 많다는 것을 스스로 알고 있었습니다. 가위질이 아주 서툴어서 연습을 하려고 했지만 부모가 위험하다고 말렸습니다. 친구들이 혼자 등교한다는 말에 호영이도 친구들과 같이 등교하려 했지만 부모가 데려다 주었습니다. 하굣길에도 친구들과 가고 싶었지만 엄마가 교문 앞에서 늘 기다리고 계셨죠. 이렇게 혼자 시도해 보려는 일이 차단이 되자 호영이는 "내가 못하니까 엄마가 시키지 않는 거 같아요. 난 바보 같아요."라는 말을 하게 되었습니다.

부모가 문제를 무시하고 바르게 안내하지 않는 경우, 아이들은 적절한 사회적 기술을 습득하지 못하고 친구나 동료와의 관계에서 어려움을 겪을 수 있습니다. 호영이는 친한 친구가 같이 놀아 주지 않는 것에 대해 심하게 화를 내고 싸웠습니다. 자기중심적인 사고로 무엇이든지 해 달라는 호영이의 말을 친구들이 받아들이지 않아 일어난 일이었습니다.

가정에서는 부모의 가이드와 도움을 받을 수 있지만 학교에서는 그럴 수 없으니 변명하거나 회피하여 자신의 문제를 해결하는 능력을 키울 기회를 놓치게 됩니다. 호영이 부모님은 상담 이후 뭐든지 해 주는 일을 많이 줄였습니다. 그 결과 호영이의 성장이 가파르게 일어났습니다.

"아직 아기니까."란 변명이 아닌 자녀의 단계별 성장을 이해하고, 자녀의 건강한 성장과 사회적 기술 향상을 지원하는 방법은 다음과 같습니다.

첫째, 개방적인 대화와 이해를 통해 자녀의 감정을 듣고 긍정적인 강화를 통한 행동 개선이 일어나야 합니다. 부모와 자녀 간의 개방적인 대화는 감정적 연결을 형성하고 자녀의 감정을 이해하는 데 도움이 됩니다. 부모는 자녀에게 마음을 열어 언제든지 이야기할 수 있다는 느낌을 주어야 합니다. 또 긍정적인 강화는 원하는 행동을 강화하고 자녀의 자기 효능감을 높이는 데 도움이 됩니다. 부모는 자녀의 작은 성공을 축하하고 보상을 제공하여 원하는 행동을 장려해야 합니다. 예를 들어 자녀가 학교에서 어려운 상황을 경험하면, 부모는 "무슨 일이 있었니? 지금 기분은 어때?"라고 묻고, 자녀가 자신의 감정을 표현하도록 격려합니다. 부모는 비판하지 않고 이해하려 노력하며, 자녀의 감정을 존중합니다.

자녀가 숙제를 시간 내에 완료하면 부모가 칭찬하고, 좋아하는 간식을 주는 등 긍정적인 강화를 제공합니다. 혹은 학원이나 학교에서 특별한 노력을 기울여 좋은 성적을 거두었다면, 부모는 칭찬하고 작은 보상을 제공합니다. 다음에도 노력하도록 동기를 부여하면 됩니다. 보상은 좋아하는 외식을 가거나, 함께 특별한 활동을 즐겨도 좋습니다. 이러한 긍정적 강화로 학습에 대한 긍정적인 자아 이미지를 형성하고 성취할 수 있는 믿음을 갖게 될 것입니다. 이렇게 하면 자녀는 성공을 느끼고 원하는 행동을 반복하려고 노력하게 됩니다.

둘째, 자녀에게 명확한 규칙과 기대를 제시하고 부모는 모범적인 행동을 보여주며 변화를 기다려 주세요. 자녀에게 명확한 규칙과 기대를 제시하는 것은 자녀가 바른 행동을 배우고 이해하는 데 도움이 됩니다. 부모는 규칙을 설명하고 어떤 행동이 바람직하고 어떤 행동이 예상치 못한 결과를 초래할 수 있는지 설명해야 합니다. 동시에 부모가 모범적인 행동을 보여 주면 자녀는 부모를 모범으로 삼아 행동하며 배우게 됩니다. 예를 들어, "영어 학원 숙제부터 먼저 마치고 놀자."와 같이 명확한 기준을 말해 주면 됩니다. 부모가 다른 사람을 존중하고 친절하게 대하면 친구들과 사이좋게 놀 수 있는 바른 행동을 배울 수 있습니다. 입학 후 아이가 아직도 아기 같아 불안하여 두고 보기 힘들 수 있지만 부모는 자녀에게 명확한 규칙과 기대를 전달하고 기다려 주세요. 그러면 자녀는 좋은 행동을 배우며 사회적 기술을 향상하게 될 것입니다.

셋째, 친구 관계에서의 중요한 경험을 겪으며 성장하도록 지원해 주세요. 친구와 문제가 생겼다고 그 아이와 무조건 놀지 말라고 하거나 내 자녀를 감싸는 행동은 옳지 못합니다. 아이들은 친구와의 관계를 통해 많은 것을 배우고 성장합니다. 친구들과의 문제를 해결하도록 코치해 주고 교류를 존중하고 지원해야 합니다. 친구 관계를 통해 아이들은 공감과 협력을 배우며, 다른 사람의 감정을 이해하고 배려하는 능력을 키웁니다. 점점 자라면서 더 나은 대인관계를 형성하는 데 도움이 될 것입니다.

갈등 해결 능력 역시 필요합니다. 친구와의 갈등을 경험하면 아이는 어떻게 상호 작용하고 문제를 해결할지 배우게 됩니다. 이는 아이가 미래에 자신의 의견을 표현하고 다른 사람과 어떻게 협력할지 이해하는 데 도움이 되고 갈등 관리 능력을 키울 수 있습니다. 친구 관계를 통해 아이는 자아 개념을 형성하고 자신의 성격과 가치를 발견하게 됩니다. 이러한 경험은 아이의 자신감과 정체성을 발전하는 데 도움이 됩니다.

나쁜 행동을 할 때, 부모는 아이에게 "친구들과 함께 성장하고 배우는 시간을 소중히 여겨야 한다."고 말함으로써 아이에게 친구 관계에서의 경험을 존중하고 책임질 수 있도록 교육합니다. 이러한 접근법은 아이가 더 나은 친구 관계를 형성하고 사회적 기술을 향상하는 데 도움을 줄 것입니다.

학교가 무서워요

"선생님, 저는 아무래도 안 돼요. 다 싫어요."

1학년 2학기가 시작된 어느 날 아이가 자기의 마음을 털어놓았습니다. 실제로 반에서 스스로 고립되어 가는 모습을 보였기에 어머니와 상담을 했습니다.

"2학기가 되면서 의기소침해했어요. 그냥 친한 친구가 다른 학교로 전학가서 그런가 보다 생각했죠. 요즘 왠지 부정적이고 자신감이 부쩍 없어진 것 같아요. 좋아하던 책에도 흥미가 없어지는 것 같아 너무 걱정이었어요."

입학을 하거나 학년이 올라가면 교실과 선생님이 변하게 됩니다. 특히 입학을 하면 초등학교의 교과서, 공부하는 환경 등 많은 면이 달라지죠. 아이들은 유치원 생활과 다른 경험을 하게 됩니다. 또 3학년이 되면 국어, 수학, 통합 교과라는 체제가 국어, 수학, 과학, 사회, 도덕, 음악, 미술 같은 교과 체제로 변화합니다. 이런 생소한 경험을 하는 학기 초에 자신감을 잃고, 친구와 어울림이 어려워지기도 합니다.

이것을 내버려 두면 점차 자아존중감과 집중력에도 크게 영향을 주게 됩니다. 따라서 아이가 자신의 마음을 알아차리고 자신감을 가질 수 있도록 도와주어야 합니다.

첫째, 자기 자신이나 다른 일에 부정적인 아이에게는 속도보다는 방향이 중요합니다. 입학 초기나 학기 초에는 새로운 환경에 적응해야 하고, 공부의 양이 증가하기 때문에 스트레스를 느낄 수 있습니다. 이러한 스트레스가 실패와 좌절로 이어지면 부정적으로 생각하고, 무기력으로 이어질 수 있습니다. 옆집 아이가 한다고 강하게 밀어붙이면 아이가 삐뚤어지고 말아요.

부정적인 생각으로 가득 찬 아이가 공부의 필요성을 느낄 수 있을까요? 속도를 높여서 공부를 시키기보다는 올바른 방향으로 나아가도록 지도해야 합니다. 우선 아이가 공부하고 노력한 결과를 봐 주고 인정하는 것이 큰 도움이 될 것입니다. 내용도 모르고 책을 빨리 많이 읽는 것보다 바르게 천천히 읽도록 기다리는 것이 좋습니다. 남보다 앞서는 속도가 아닌 기다림이 필요한 아이가 바로 우리 아이입니다.

"오늘도 아침 운동을 했구나. 열심히 노력했어. 멋있어!"

작은 일이더라도 말을 통해 자녀의 노력을 인정해 주세요.

둘째, 객관적 관찰로 칭찬 포인트를 발견해 보세요. 있었던 일과 그 속에 있는 감정을 읽어 보면 칭찬 포인트를 찾을 수 있습니다. 그러기 위해서 자녀가 어떤 감정을 느끼는지 이해해야 합니다. 자녀의 이야기에 집중하고, 이해하려는 노력을 기울이는 것이 중요합니다. 또한, 내가 이야기하면 엄마가 잘 들어 준다는 것을 느끼게 해야 합니다. 자녀의 감정을 인정하는 것은 매우 중요합니다. 아이가 어떤 일을 어렵다고 못 하겠다고 이야기를 한다면 "그래, 그것은 좀 어려울 거야."와 같은 말을 통해 자녀의 감정을 받아들이고 인정해 주는 것입니다. 이러한 양육자의 인정은 자녀의 자신감을 높여 줍니다.

"어떤 상황에서 그런 감정을 느끼게 되었어?"

이런 질문들은 자녀가 자신의 감정을 더 잘 이해하고, 그 감정을 다른 사람에게 표현하는 것을 도와줍니다. "괜찮다, 아무것도 아니다."란 말로 자녀의 표현을 막아버린다면 감정 표현을 할 수 없게 될 것입니다. 부모 앞에서 할 수 없는 의사 표현, 혹은 감정 표현을 생판 남인 다른 사람 앞에서 가능할 리 없습니다.

감정을 묻는 대화를 통해 아이는 자신이 느끼는 감정을 더욱 선명하게 인식하고, 그 감정에 대한 적절한 대처 방법을 찾을 수 있을 것입니다. 자녀가 부정적인 감정을 표현했을 때, 함께 그 감정을 극복하는 해결책을 찾아보세요. 함께 문제를 해결하면 자녀의 자신감뿐만 아니라, 부모 자식 간의 신뢰도 높일 수 있습니다.

예를 들어 학교에서 친구와 싸워서 학교에 가기 싫다는 아이의 마음을 읽어 볼까요?

"어떤 일이 있었어? 왜 그런 일이 일어났어?"

다음으로 자녀의 이야기를 잘 듣고 공감해 줍니다.

"그랬구나. 정말 속상했겠다."

이어서 "그런 상황에서 어떻게 해야 해? 해결하려면 어떻게 할까?"와 같은 질문을 하면 "친구와 이야기해서 사과할래요."라는 말이 자연스럽게 나오는 신기한 경험을 하게 될 것입니다.

"너가 이런 것을 잘못했으니 친구에게 사과해."라는 것보다 앞의 방법이 친구와의 관계 회복이 더 잘 됩니다. 아이들도 자신의 감정을 읽으며 작은 철학자가 됩니다. 이렇게 함께 문제를 해결하는 과정을 반복하다 보면 아이는 점점 자신감이 회복될 것입니다.

아이가 할 수 있는 범위의 작은 책임을 맡기고 신뢰해 주세요. 더불어 구체적이고 긍정적인 피드백은 필수입니다.

"오늘 이야기, 화가 났는데 잘 설명해 줘서 멋지다."

자녀에게 긍정적인 에너지를 전달해 주어야 합니다.

아이와 그림책 《별 거 없어!》를 읽어 보는 것도 추천합니다.

이 책에서 아기 거미는 처음 집을 지으며 두려워하고 혼란스러워했습니다. 그런데도 나름의 시도로 어설픈 성공을 합니다.

"너도 아기 거미야. 이리저리 흔들면 거미줄이 저기 나무에 걸리고 요기에 걸려서 집이 만들어지는 거야. 너무 겁내지 마."

그림책을 보고 이런 말을 해 준다면 아이에게 도움이 될 것입니다.

학교에 입학하고 부정적인 이야기를 많이 하는 아이의 자신감 회복을 위해서는 먼저 부모가 자녀의 장점을 인정해야 합니다. 또 이를 활용할 작은 기회를 주면 자신감 회복에 도움이 될 것입니다. 아이가 자신의 장점을 알고, 그것을 자랑할 수 있도록 장점을 인정하고 활용할 수 있는 기회를 주면 좋습니다. 책상 정리, 책장 정리, 세탁한 옷 제자리에 두기 등 일상생활에서 쉽게 할 수 있는 일을 해 보는 겁니다.

울지 말고 말해요

입학 전부터 부모의 고민 중 하나는 '학교에 가서 적응하지 못하면 어떡하지?'일 것입니다. 그래서 입학 초기에는 작은 일에도 신경이 곤두서서 담임에게 말을 과하게 하는 일도 있습니다. 우리 아이가 힘든 일이 있을 때 담임 선생님은 반대편에 서 있는 적군이 아닌 동반자로서 문제를 해결할 우군입니다. 그런 관점에서 학교에서 억지를 부리고 우는 아이는 교사와 부모가 같이 해결해야 만하는 것입니다.

아이가 집에서 부모에게 억지를 부리며 고집을 피우는 것은 어느 정도 귀엽게 용납이 될 수 있습니다. 하지만 학교는 많은 학생이 있으므로 그런 일이 있다면 교육 활동에 지장이 가고,

친구 관계에서 문제가 생깁니다.

1학년을 여러 해 맡은 경력이 있는 10년 차 선생님 반의 태오는 원하는 것을 들어 주지 않자 울고불고 억지를 부리며 1시간 이상을 큰 소리로 울었습니다. 점심까지 안 먹겠다고 버티는 바람에 선생님은 결국 원하는 대로 들어 주고 말았죠. 그 후 그 아이의 억지가 시작되었고 태오는 쓰기나 그리기, 자기 자리 정리 등 기본 생활까지 하지 않으려고 했어요.

학부모와 상담을 하려고 했으나 부모님은 직장 근무로 통화도 어려웠어요. 억지를 부리기 시작하면 반 전체가 피해를 보았고 태오와 관련된 다른 학부모의 민원은 담임 선생님이 감내해야만 했어요. 그러다 보니 다른 아이들도 너도나도 일단 울고 봤죠.

"정말 그 아이가 울기만 하면 너무 힘들어요. 부모님께 말해 보았지만 어려서 그렇다 이렇게만 말씀하시고 변화가 없어요."

물론 아이들은 학교에서 친구랑 싸워서 울고, 억울해서 울고, 먹기 싫은 음식을 먹어야 할 것 같아서 울고, 준비물을 안 가져와서 우는 등 다양한 이유로 울음을 터뜨리는 경우가 많습니다. 아이들의 행동 발달로 볼 때 당연한 일이라 해야 하는 이유를 이해시키고 불안함을 덜어 주면 대부분 울음을 멈춥니다. 그런데 태오 같은 억지 울음은 학교의 규칙이나 친구 관계 형성에 악영향을 주게 될 가능성이 매우 높아요.

태오가 울어서 하기 싫은 청소를 안 해도 된다면 학급의 규칙이나 안전을 위해 지켜야 할 일들이 쉽게 무시될 수 있습니다. 태오가 심하게 우니까 친구가 어쩔 수 없이 장난감을 양보하게 된다면 태오와 놀고 싶은 친구는 점점 줄어들 것입니다. 태오처럼 반복적으로 억지를 부리고 우는 행동을 하는 아이는 어떻게 해야 할까요?

초등 1학년은 학교에서 친구들과 교사들과의 상호작용을 통해 대인관계 기술, 관계 형성과 규칙 준수에 대한 이해가 발전하는 시기입니다.

이런 1학년 아이들은 감정이 민감하고 대인관계가 발달 중이기 때문에, 학교에서의 새로운 경험 및 갈등 상황, 그리고 감정 표현의 어려움 등으로 인해 울거나 억지를 부릴 수 있습니다. 이런 새로운 경험 및 갈등 상황은 시간이 가고 익숙해지면 해결될 가능성이 높아요. 하지만 감정 표현이 어렵고 부적절하게 반응하고 대응하는 경우, 아이는 부모의 도움이 필요합니다. 자신의 감정을 알아차리는 방법과 적절한 대응 방법을 가르쳐야 아이들이 건강한 방식으로 감정을 표현할 수 있습니다.

우는 이유를 파악하고 문제 해결 방법을 같이 찾기

먼저 울고 있다면 왜 우는지 파악해야 합니다. 아이에게 "엄마는 네가 울음을 멈출 때까지 기다리겠다."는 말을 단호하게 해 주세요. 끈기를 가지고 진정되기를 기다렸다 대화를 시작하면 됩니다.

우는 아이에게 다가가 "원하는 것이 뭐니?", "너에게 무슨 일이 있었니?"라고 물어보면 대부분 대답하지 않습니다. 하지만 마음을 가라앉히고 계속해서 관심을 두고 기다리면 결국엔 자신이 원하는 바를 말할 것입니다. 이때 주의할 점은 절대로 다그치거나 혼내지 말아야 하는 것입니다.

가정에서 울었던 원인을 부모와 함께 해결하는 경험을 쌓음으로써, 아이는 학교에서도 울지 않고 문제나 필요를 해결할 수 있는 능력을 자연스럽게 만들어갈 수 있습니다.

배고픔이나 졸림과 같은 단순한 좌절감인지, 또는 친구들과의 관계에서 갈등이나 가정 내 스트레스가 있는지 확인해야 합니다. 원인을 파악 후 아이의 상황에 대해 공감해 주고 위로해 주는 것이 좋습니다. 그러고 나서 "엄마랑 같이 해결 방법을 찾아볼까?"라고 말하며 자연스럽게 관심을 돌리면 기분이 가라앉고 진정될 수 있습니다.

가족 문제나 집 환경같이 당장 해결하기 어렵거나 타인의 개입이 어려운 문제인 경우, "이렇게 울어도 지금 당장은 아무것도 바뀌지 않아. 잠시 우는 것을 멈추고 다시 얘기해 보자."라고 말하는 것이 좋습니다.

심하게 울어 말로 소통이 어려운 아이의 경우, "지금 많이 화가 났구나. 잠시 혼자 생각해 보고 왜 그런지 말해 줄 수 있겠니?"라고 제안해 보세요. 필요하면 5분 후에 다시 이야기해 달라고 하면 됩니다. 아이가 먼저 이야기를 하면 부모가 이야기를 차분하게 들어 주며 위로하고 포옹해 주는 것도 좋습니다.

초등학교 1학년 아이들은 사회적 기술이 아직 충분히 발달하지 않았으며 주변 사람들의 영향을 많이 받습니다. 이 때문에 학교와의 긴밀한 연결이 매우 중요합니다. 담임 교사는 교실 내에서 아이의 사회적 상호작용을 관찰하는 역할을 합니다. 따라서 아이에 대한 더 깊고 적절한 이해를 얻기 위해서는 담임 교사와의 밀접한 소통이 필요합니다.

자기 감정을 알고 적절하게 표현하는 방법 알려 주기

부모는 자기 감정을 표현하도록 하여 아이가 바른 관계를 맺는 다른 방법들을 가르쳐야 합니다.

"태오야, 왜 우는 거야? 무슨 일이 있었니? 지금 기분이 어때?"라고 물어보며, 아이가 말로 자신의 감정을 표현하도록 격려합니다. 처음에는 감정 표현이 힘들 수 있으므로 감정 카드를 활용해도 좋습니다. 아이와 직접 감정에 대해 알아보고 감정 카드를 만드는 것도 감정을 표현하는 데 큰 도움이 됩니다. 그러고 나서 문제 해결을 위한 대화를 해 보세요.

"태오야, 네가 겪고 있는 문제를 엄마(아빠)와 함께 해결해 볼까?"

"태오야, 무엇을 원할 때는 말로 얘기해 보자. 그래야 엄마(아빠)가 너의 마음을 잘 이해할 수 있어."

아이에게 적절한 표현 방법을 같이 찾고 가르치는 단계를 거칩니다. 아이가 말로 자신의 감정을 잘 표현하거나 문제를 해결하는 데 참여하면 긍정적인 반응을 보입니다.

"태오야, 말로 잘 표현해 줘서 고마워. 함께 문제를 해결하다니 정말 잘했어."

이러한 방식으로 부모님은 아이가 감정을 적절하게 표현하고, 문제를 해결하는 방법을 배울 수 있도록 지도합니다. 이는 가정 내의 소통과 화목한 분위기 조성에 도움이 될 것입니다.

떼를 쓰는 주인공이 나오는 그림책 같이 읽기

아이들이 울고 억지를 부리지 않기 위해서는 감정을 알아야 합니다. 그림책에 펼쳐진 주인공의 떼쓰기가 어떤 결론을 맞는지 따라가며 자연스럽게 자기 감정에 이름을 붙이고 왜 그러면 안 되는지 이야기하는 시간을 가지면 효과적입니다.

모 윌렘스의 《비둘기에게 버스 운전을 맡기지 마세요》 같이 억지를 부리는 주인공이 등장하는 그림책을 같이 읽어 보면 이야기 나눌 점이 많습니다.

"이 그림을 보니까 어떤 마음이 들어?"

또, 그림책, 동화, 영화, 혹은 실제 상황을 사용해서 인물들이 감정을 어떻게 느끼고 표현하는지 어떤 마음을 느낄지에 관한 이야기를 꾸준하게 나누는 것도 좋습니다. 특히 그림책은 주인공이 1학년과 비슷한 또래이거나 동물인 경우가 많아서 감정이입이 잘 되기 때문에 보다 효과적입니다.

이런 감정 인식 교육은 어렵기는 하지만 가정과 학교에서 꾸준히 가랑비에 옷이 젖듯이 천천히 해 나가면 좋습니다. 그러면 아이들의 정서적 안정과 장차 인간관계를 성공적으로 이끌 사회성을 만들 수 있으리라 생각합니다.

자신의 감정을 알고 다른 사람에게 적절한 방법으로 표현하는 사람은 사회적으로 존중을 받습니다. 지금 우리 아이가 완벽하게 할 수는 없지만 한 발자국 나갈 수 있는 기초를 마련할 수 있습니다.

친구 사귀는 게 어려워요

아이들의 친구 관계에 대한 발달을 로버트 셀만(Robert Selman)이 제시한 5단계로 살펴보겠습니다. 이 5단계는 정확하게 나이별로 잘라 보기 어렵습니다. 아이마다 사회성 발달이 다르고 친구 관련 경험이 다르기 때문이죠. 대략 우리 아이는 어디 쯤에 속할지 생각해 보면서 읽으면 좋겠어요.

0단계 우정은 3~7세의 아이가 친구를 바라보는 눈으로순간적인 놀이 친구로 보는 것입니다. 이때는 친구를 잠깐 노는 사이라고 생각하며 모두 함께 신나게 노는 것이 우정입니다. 자기와 다른 말을 하는 친구에게 많이 화를 내며 제지했는데 계속 같은 행동을 하는 친구와는 놀지 않으려고 합니다. 초등 저학년까지도 이에 해당하는 아이들이 있을 수 있습니다.

1단계 우정은 4~9세로 보통 유아기부터 초등 저학년의 아이들이 해당합니다. 이 시기의 우정은 한 방향성을 가집니다. 친구가 내가 원하는 과자나 장난감을 나에게 당연히 주어야 한다고 생각하는 단계로 스스로 친구에게 잘해 주어야 한다고 생각하지 않아요. 우정을 실용적으로 생각해 "네가 나에게 저 블록을 주면 내가 친구가 될게. 그렇지 않으면 너랑 친구가 되지 않을 거야."와 같이 협상의 도구로 활용하기도 합니다.

2단계 우정은 쌍방향성을 가지며 협력적인 관계를 추구하는 6~12세의 어린이가 해당합니다. 자기와 친구 모두의 관점을 생각하지만, 아직까지 관찰하는 시선을 가지지 못합니다. 친구를 위해 좋은 일을 할 수 있지만 다음에 그 친구가 나에게 좋은 일을 해 주기를 기대하며 보답이 없으면 그 관계는 무너질 수도 있습니다. 비슷한 관심사로 몇 명의 친구들이 모여서 사회적 관계를 만들기도 합니다. 이 시기에는 친구 사이에 규칙을 만들고 서로 배려하고 협력하는 관계를 만들 수 있어야 합니다. 그렇지 못하면 왕따가 발생할 수 있습니다. 성숙한 아이들은 1학년에서도 2단계 우정 양상을 보이기도 합니다.

3단계 우정은 서로 문제를 해결하기 위해 협력하고 비밀을 나눌 수 있는 단계입니다. 초등 고학년 중 일부가 여기에 해당하며 진심으로 친구를 위할 줄 아는 행동을 합니다. 하지만 가장 친한 친구가 다른 아이와 놀면 깊은 배신감을 느낄 수도 있습니다.

4단계 우정은 성숙한 우정으로 12세부터 성인까지 해당합니다. 친구들과 정서적으로 공감받고 친밀감을 가지게 됩니다. 소유욕은 낮고 거리나 시간의 제약을 덜 받습니다.

이렇게 우정은 시기에 따라 다른 모습을 보입니다. 어른의 눈으로 친구를 못 사귄다고 걱정하기보다 단계에 따른 친구 관계를 이해해 주어야 합니다. 초등 저학년 자녀가 집이나 놀이터에서 노는 친구가 없다고 사회성이 떨어지고 자신감이 없어서 들이대지 못하는 것이라 푸념할 필요가 없어요.

친구 사귀는 세 가지 방법

친구 관계를 잘 맺는 첫 번째 방법은 아이들이 학교생활 중 생기는 대부분의 갈등을 자기 수준에서 해결하도록 만드는 것입니다. 친구와 갈등이 생겼을 때 부모가 처음부터 적극적으로 개입하는 것은 우리 아이와 상대 아이 모두에게 상처를 주고 친구 관계에 대한 우리 아이의 자신감을 떨어뜨리게 됩니다.

"그런 말을 감히 우리 아이한테 하다니 학교폭력으로 신고하겠어요. 사과도 필요 없어요. 그리고 선생님은 일이 이 지경이 될 때까지 뭐 하신 거예요?"

요즘 담임으로서 흔하게 듣는 이런 말을 하는 부모의 강한 주장대로 갈등을 풀어 간다면 친구와의 싸움이 내 문제가 아니게 됩니다. 이런 상황이 싫은 아이 중에는 중학년인 3~4학년쯤 되면 부모에게 문제로 이어질 친구 관련 이야기는 아예 말하지 않는 경우도 있어요. 이런 불통 상황은 다른 문제로 이어질 수 있으니 부모의 도움보다는 스스로 해결하도록 돕는 것이 좋습니다.

스스로 해결할 수 있는 기준은 아이에게 물어보세요. 도움이 필요하다고 하면 깊이 이야기를 나눌 필요가 있습니다. 아이가 처음에 말을 어떻게 할지 어렵다고 하면 어떻게 말을 하면 좋을지 미리 연습을 시키고 등교하게 해 주세요.

"선생님, 저희 명호가 어제 혜은이에게 맞았다고 하더라구요. 그래서 아침에 혜은이에게 할 말을 연습해서 갔어요. 선생님 말씀처럼 하기는 했는데 걱정이네요. 너무 내성적이라 말이나 할지 모르겠어요. 한 번 봐 주세요."

엄마랑 여러 번 연습하고도 쪽지에 적어 와서 친구에게 처음 말을 건낸 명호의 표정은 자신만만했어요. 미안하다는 말을 듣고는 저에게 와서 자랑까지 합니다.

"혜은이가 사과했어요. 주말에 같이 놀 거예요."

그날 이후 혜은이와 명호는 태권도 학원에 갈 때 서로 기다려 주고 청소할 것이 많으면 도와주는 단짝이 되었어요.

물론 부모가 심각하다고 생각이 드는 부분은 먼저 담임 선생님과 확인하는 절차가 필요합니다. 우리 아이 말만 믿고 친구 사이에 끼어드는 것은 피하는 것이 좋습니다.

두 번째 방법은 친구 관계에 어려움을 느끼는 아이에게 그림책 중에서 인성교육을 위한 책을 골라 읽어 주는 것입니다.《이솝우화》나《탈무드》혹은 친구들이 싸웠다가 친해지는 내용, 친구들이 사이좋게 지내는 내용이 나온 그림책을 추천합니다.

1학년 아이들이 친구 관계를 어려워하는 이유는 간단합니다. 이 시기의 아이들은 무엇이 옳고 그른지 확실하게 알지 못하고 이해력과 상황 판단력이 아직 미숙하기 때문입니다. 그러면서 어른의 말은 잔소리처럼 받아들이기 쉬워요. 하지만 그림책의 등장인물이 겪는 일에 대해 아이는 감정이입을 하며 읽고 듣기 때문에 자기 일처럼 생각이 들게 됩니다. 여러 권의 책을 읽는 것은 다양한 상황에 우리 아이가 놓이게 되는 것과 마찬가지입니다. 책을 읽을 때는 역할 놀이를 하듯 실감 나게 읽어 줄수록 아이의 몰입이 커집니다.

저는 가끔 책 읽기 시간에 아이들에게 친구 관계에 관한 그림책을 읽어 줍니다. 평소에는 싸우고 나면 사과하는 방법, 사과를 받아 주는 방법, 말의 어투나 이야기하는 자세까지 소소하게 알려 주고 있어요.

짓궂은 오빠에게 매일 맞거나 때리는 장난을 해 온 혜은이는 1학년 1학기 내내 친구를 때린다는 소리를 들었습니다. 활기차고 긍정적인 면이 있는 아이였지만 친구를 때리면 안 된다는 것을 몰랐던 것입니다.

"오빠랑 놀아서 그런가 봐요."

학부모 상담을 청해 이야기했더니 혜은이 어머니는 난처한 얼굴로 어찌할 바를 몰라하셨습니다. 어머니께 그림책 읽기를 권해 드렸습니다. 어머니는 그날 바로 학교 도서관에 있는 그림책을 빌려 가더니 점차 근처 도서관에서 책을 빌리거나 구입하며 책을 읽어 주고 이야기를 나눴습니다.

특훈 결과인지 혜은이는 손이 먼저 나가는 버릇을 고치게 되었어요. 가끔 친구들이 싸우거나 말싸움을 하게 되면 훌륭하게 중재 역할까지 했어요. 혜은이 어머니는 그림책을 읽으면서 싸우거나 갈등 상황에서 혜은이에게 어떻게 해결하면 좋을지 물었다고 해요.

"선생님 말씀대로 했더니 처음에는 대답을 거의 못 했어요. 하지만 여러 권을 읽고 나니 생각이 많아진 표정이었어요."

아이들에게 갈등이 있을 때 해결 방법을 물으면 의외의 대답을 해서 피식 웃을 때도 있습니다. 하지만 그런 고민을 해 본 아이는 비슷한 상황이 되었을 때 쉽게 방법을 찾아낼 수 있습니다.

세 번째 방법은 부모의 사랑을 그냥 퍼붓는 것입니다. 부모의 사랑은 아이를 자존감 높은 아이로 만듭니다. 그렇다고 모든 요구를 다 들어 주는 것은 아닙니다. 안 되는 것은 단호하게 안 된다고 하고 구구절절 설명할 필요가 없어요.

"친구가 맞으면 그 친구는 아픈 거야. 너도 맞으면 아프잖아. 그러니까 때리면 안 돼."

부모의 사랑과 애정이 초등학교 저학년 아동의 친구 관계와 사회성 발달에 미치는 긍정적인 영향에 대한 연구 결과가 있습니다. 하버드 대학의 연구에 따르면, 부모의 애정은 아이가 성인이 되었을 때 행복감을 높이고, 건강한 사회적 관계를 형성하며, 자기 수용성을 강화시키고, 지역 사회에 기여할 가능성을 높이는 등 장기적인 긍정적 효과를 가져옵니다. 반면에, 부모의 애정이 부족할 경우 아이는 사회적 기술 부족, 타인에 대한 신뢰 문제 등을 겪을 수 있습니다. 이러한 부족한 애정은 아이가 자신을 탓하고 자존감이 낮아지는 경향을 가져올 수 있으며, 이는 성인이 되었을 때 불안, 우울, 중독 등의 문제로 이어질 수 있습니다. 따라서 부모가 자녀에게 지속적으로 애정을 표현하고, 자녀의 필요를 예측하며, 자녀와의 대화에 충분히 참여하고, 자녀의 성취를 지지하며, 자녀가 자신의 목표를 성취할 수 있도록 도와주는 것이 중요합니다. 이러한 부모의 행동은 아동의 사회적 기술 발달과 건강한 친구 관계 형성에 큰 도움이 될 수 있습니다.

친구가 없는 아이 중에서 심리적 장애나 질병을 겪는 경우, 주변의 괴롭힘이나 학대를 경험한 경우, 아이 스스로 자신의 힘을 이용해 적대적인 지배적 행동을 하는 경우, 심하게 내성적이거나 공감 능력 부족인 경우 등에 해당한다면 부모는 자녀와의 대화를 통해 문제의 원인을 파악하고 전문가의 도움을 받는 것이 좋습니다.

학교에서 담임 선생님의 지도와 가정에서 부모님의 관심과 사랑이 함께 가야 치유될 수 있다고 생각합니다. 또한 부모와 자녀는 서로 적극적으로 소통하고 관심사를 공유하는 관계가 되어야 합니다. 그 과정에서 사회적 기술을 연습할 수 있도록 도와주는 것이 중요합니다. 사회적 관계를 만드는 자기 자신을 세우는 것은 부모와의 관계에서 시작되는 것을 잊지 말아 주세요.

초등생에게 중요한 건 자신감이에요

아이가 학교를 다녀오면 무엇을 물어보시나요?

"너, 오늘은 무슨 일 안 당했어?"

"실수는 안 했어?"

"빨리빨리 잘 했니?"

이런 질문은 하고 있진 않은가요?

1학년은 학교에서 재미있는 일투성이에요. 실제 교육과정도 아이들이 학교생활에 적응할 수 있도록 활동 중심으로 짜여져 있습니다. 재미없기가 힘들어요. 그러니 학교를 다녀온 아이에게 얼마나 재미있는 일이 있었는지 물어봐 주세요. 그 재미있는 일을 하면서 무엇을 느꼈는지를 궁금해해 주세요. 이런 질문은 초등학교 내내, 아니 가능하다면 중, 고등학교 때에도 물어보면 좋습니다. 그러면 아이는 스스로에게, 자신의 생각에 자신감을 갖는 아이가 될 겁니다. 반대의 경우라면 스스로 존중하지 못하고 우울감에 빠지게 됩니다. 그러면 아이는 주변 눈치를 보고 주눅이 들죠. 우리 아이가 이런 행동을 보인다면 평소 부모의 말과 행동을 뒤돌아봐야 합니다.

아이의 성격이 내성적이라고 해서 꼭 눈치를 보고 주눅 들고 자신감이 없는 아이가 되는 것은 아닙니다. 엄마의 말 한 마디, 행동 하나가 자녀를 주눅 들게 만들 수도 있고 자신감 넘치게 만들 수 있습니다. 간혹 학생이 틀림없이 뛰어난데 부모의 높은 기대 때문에 인정받지 못해 우울하고 불안한 학생들이 있습니다.

재우의 부모님은 아낌없이 지원해 주는 분들이었습니다. 많은 학원과 다양한 책들, 신경 써서 보내는 체험 활동 등 엄마 입장에서 기대 수준이 높은 것은 어쩌면 당연한 것 같습니다.

다른 집 아이와 비교하면서 더 잘하기를 요구하는 재우 어머니의 기대가 점점 높아지면서 문제가 발생하고 말았습니다.

"선생님, 저는 공부 못해요."

방과 후에 집에 안 가고 학교 안을 배회하고 있다가 이런 이야기를 슬며시 하는 아이를 보면 마음이 콱 막혔습니다. 누가 봐도 훌륭한 아이가 왜 자신에게 자신감이 없는 걸까요. 아이의 자신감을 키우는 방법엔 무엇이 있을까요.

첫째, 어릴 때부터 아이에게 자신의 장점을 끊임없이 알려 주어야 합니다. 재우의 경우, 장점을 계속 이야기해 주고 은근하게 주변 친구들이 말하게 해도 본인은 계속해서 아니라고 부정하며 철벽을 쳤어요. 하지만 끊임없이 어떤 일을 할 때마다 작은 장점을 여러 번 이야기하고 여러 친구들이 비슷한 이야기를 하자 자신감을 어느 정도 회복하는 좋은 효과를 보였어요. 그리고 재우 어머니와 상담을 통해 재우의 상황을 설명했습니다. 재우 어머니는 그런 부담을 느낄 줄 몰랐다고 말했어요.

학교에서 장점을 말해 주는 것을 이어서 집에서도 하루에 1가지씩 긍정적인 말하기를 열심히 시도해 보라고 권했습니다. 처음에는 어떤 것이 장점인지 말하기가 무척 어려워서 어머니도 깜짝 놀랐다고 합니다. 어머니가 필요성을 느끼고 착실하게 실행해 나가며 재우의 문제는 조금 더 빨리 해결이 되어갔어요.

둘째, 자녀의 감정과 상태를 이해하고 다른 아이와의 비교에서 벗어나야 합니다. 가끔 주눅이 잔뜩 들어 움츠린 아이의 상황을 부정하고 교사의 말을 신뢰하지 않는 경우도 있습니다.

"선생님께서 잘못 보신 거죠. 우리 아이가 얼마나 제 말을 잘 듣고 열심히 노력하는 줄 아세요?"

자존심 상했다고 이상한 소리를 했다면서 아이 앞에서 담임 선생님의 욕을 한 경우도 있습니다. 이럴 때는 부모와 교사는 반대편의 적대 관계가 아니라는 점을 강조하고 싶습니다. 교사가 전화나 상담에서 아이에 대해 걱정되는 말을 하는 경우는 쉽게 꺼내는 말이 아니므로 우리 아이의 감정과 상태를 살펴보아야 합니다. 자녀가 표현하는 감정을 바라보고 왜 그런 감정이 생겼는지 함께 이해하려고 노력해야 합니다.

다른 학부모와 만남 후, 아이의 학원을 바꾸거나 전집을 구입하거나, 아이에게 짜증을 내고 다른 아이의 이야기를 하는 것은 우리 아이에게 분명 비교와 압력으로 좋지 못한 영향을 끼칩니다.

"학교에서 잘하고 있고 노력도 많이 하는 걸 알아."

아이의 잘한 점을 칭찬하고 인정하면서 다른 아이들과 비교를 멈추어야 합니다. 비교는 아이의 자존감을 떨어뜨리고 불필요한 압박감을 줄 수 있어요.

아이마다 잘하는 것이 다르고 개성이 있다는 것을 인정하고 존중해 주며 부모의 기대감을 현실적이고 합리적으로 설정해 보세요.

자녀가 노력한 부분과 성취한 부분에 대해 긍정적인 피드백을 주세요. 이는 자녀가 자신감을 얻고 더 나은 성과를 위해 노력하는 동기부여가 될 수 있습니다.

셋째, 같은 취미를 가진 친구를 사귈 수 있는 기회를 만들어 주는 것입니다. 이는 아이가 자신의 관심사를 친구와 공유하며 소속감을 느낄 수 있게 해 줍니다. 이를 통해 자녀의 사회적 기술을 발달시키고, 자신감을 키우며, 스트레스를 줄일 수 있습니다.

마음속의 이야기를 친구에게 풀어놓으면 주눅이 들어 주위를 살피지 못하는 학생이 스스로 회복할 수 있는 자생력을 만들 수 있습니다. 부모나 선생님에게 할 수 없는 말을 친구들에게 할 수 있는 아이는 행복합니다. 학교폭력을 당하는 아이들이 제일 무서워하는 것은 바로 이야기할 친구가 한 명도 없을 때라고 합니다. 교실에서 말을 나눌 친구가 있고 친한 친구가 있다면 그 친구를 통해 정서적 안정감을 찾을 수 있습니다.

그림을 좋아하거나, 축구를 좋아하거나, 책 읽기를 즐기는 등 아이가 관심을 가지고 있는 취미나 활동이 무엇인지 파악한 후, 그와 관련된 동아리나 모임, 수업에 참여할 수 있는 시간을 만들어 주세요. 도서관, 커뮤니티 센터, 문화센터 등에서 진행하는 프로그램을 찾아 취미나 관심사 기반의 이벤트나 활동에 참여하는 것도 좋은 방법입니다.

또 가족 단위로 취미 활동에 참여하면서, 자녀가 비슷한 관심사를 가진 다른 가족들과 자연스럽게 어울릴 수 있는 기회를 만들어 주세요. 이런 시간을 통해 아이는 보다 편안한 환경에서 친구를 사귈 수 있어요.

학부모회 모임이 있을 때 주변 엄마들에게 어떤 학원을 보내야 좋은지 듣는 것보다 우리 아이와 취미나 성향이 비슷한 아이를 찾아서 친하게 지낼 기회를 만들어 주는 것이 더욱 좋습니다. 학원을 많이 보내는 것보다, 비싼 과외 선생님을 붙이는 것보다 부모가 믿어 주고 긍정적인 말을 해 주세요. 그러면 자신감 있고 도전적인 마음을 지닌 아이로 자라날 것입니다.

설마, 학교폭력?

아이를 학교에 보내고 부모님이 가장 걱정하는 것 중 하나가 학교폭력일 것입니다. 사회 전체에서도 많은 관심을 갖고 있지만, 해결되지 않고 오히려 점점 심각해지고 있는 것이 현실이죠. 그러다 보니 교육 현장에서 학부모의 걱정을 정말 많이 듣습니다.

"반 친구가 우리 애하고만 말을 안 한다고 해요. 이거 학교폭력 아닌가요?"

"같은 반 친구가 계단에서 저리 가라며 밀쳤대요. 구르기라도 하면 어쩔 뻔했어요? 그 폭력적인 아이를 학교폭력으로 신고하고 싶어요."

"친구가 놀려서 아이가 학교에 가기 싫대요. 트라우마가 생긴 것 같아요. 녹음을 하지는 못했지만 주변에 있던 아이들에게 증언을 확보해서 교육청에 바로 신고할 예정입니다."

위의 사례는 실제 옛날에도 자주 있던 일이고 지금도 자주 일어나는 일입니다. 다만 부모의 반응은 매우 달라졌지만요.

아이는 학교라는 낯선 공간에서 매우 예민해집니다. 작은 일도 크게 느끼기 마련이죠. 우리 아이만 그런 것이 아니라 다른 아이들도 마찬가지죠. 과거에는 그렇게 지내다 보면 아이들이 자신이 예민하게 받아들였다는 것을 깨닫는 순간이 옵니다. 어엿한 학생이 되는 순간이죠. 그러나 요즘은 아이가 깨닫기 전에 작은 문제를 크게 만들어 부모가 해결하려고 하는 경우가 많아요. 특별한 몇몇 아이의 부모만 그런 것이 아니라 전체적으로 그런 경향이 있다는 것이 안타깝습니다.

아이는 초등학교 1학년을 거쳐 6학년으로 졸업을 하고, 중학생, 고등학생 그리고 성인이 될 거예요. 초등학교 1학년은 사회인 되는 첫걸음입니다. 아이에게 스트레스나 단체 생활에서 오는 문제를 피하는 방법보다는 해결하는 방법을 알려 줘야 하는 때이죠. 게다가 학교폭력은 비단 1학년만의 문제가 아닙니다. 오히려 이제 학교에 입학했으니 시작인 셈이라고도 할 수 있겠네요. 상급학년으로 올라갈수록 심각해질 수 있는 학교폭력에 대해 자세히 알아보겠습니다.

학교폭력 예방 및 대책에 관한 법률 제2조 제1호에 나와 있는 학교폭력의 정의를 보면 학교 내외에서 학생을 대상으로 발생한 상해, 폭행, 감금, 협박, 약취와 유인, 명예훼손 · 모욕, 공갈, 강요 · 강제적인 심부름 및 성폭력, 따돌림, 사이버 따돌림, 정보통신망을 이용한 음란 · 폭력 정보 등에 의하여 신체 · 정신 또는 재산상의 피해를 수반하는 행위를 뜻합니다.

이 법조문을 읽으면 장소는 학교 내외, 대상은 학생이므로 학생에게 학교 안과 학교 바깥에서 일어나는 모든 폭력이 대상이라는 것을 알 수 있어요. 어떤 아이가 학교가 아닌 놀이터에서 다른 아이에게 신체적 폭력을 당했더라도 두 아이가 모두 학생이면 학교폭력인 것이죠.

학교폭력의 행위로는 상해, 폭행, 감금, 협박, 약취와 유인, 명예훼손 · 모욕, 공갈, 강요 · 강제적인 심부름 및 성폭력, 따돌림, 사이버 따돌림, 정보통신망을 이용한 음란 · 폭력 정보 등에 의하여 신체 · 정신 또는 재산상의 피해를 수반하는 행위라고 나와 있어요.

대부분 신체적인 폭력만 생각하기 쉬운데 실제로는 말로 다른 사람의 정신적 피해를 주는 행위가 많다는 것을 아셔야 합니다. 명예훼손 · 모욕, 공갈, 따돌림, 사이버 따돌림 등 신체적 폭력뿐 아니라 말이 원인인 경우가 많습니다.

실제 2023학년도 학교폭력에 관해 초등 4학년~고등 2학년 대상으로 설문조사한 결과를 보면 그중 학교폭력 피해가 있다라고 응답한 비율은 전체의 1.6%이며 그중에서 언어폭력이 69%에 달한다는 것을 알 수 있어요. 신체 폭력이 27%, 집단따돌림 21%, 사이버 폭력이 13%, 성폭력이 9%를 차지했어요.

학교폭력을 일으킨 학생에게 왜 학교폭력을 했는지 이유를 물어보면 제일 많은 대답이 "그냥요."입니다. 위 설문조사에서 이유를 답한 것을 보면 '장난이나 특별한 이유가 없다'라고 답한 비율이 66%, '강해 보이려고' 54%, '화풀이나 스트레스 때문에' 44%, '상대 행동이 마음에 안 들어서' 42.4%입니다. 이 설문조사 결과를 종합해 보면 현재 아이들에게 친구 관계를 재정의할 필요가 있으며, 배려, 존중 등과 같은 인성적인 노력이 필요하다는 것을 알 수 있어요.

학교폭력이란 단어와 같이 따라다니는 단어는 말이 안 되게도 친구입니다. 학부모와 상담 중 심각한 주제를 들라고 하면 학교폭력이 들어갑니다. 학교폭력에 관한 이야기에는 꼭 친구 누군가가 나옵니다. 학교폭력이 학교에서 제일 큰 주제가 되면서 친구 관계가 큰 걱정입니다. 학년이 바뀌거나 상급학교에 가거나 전학을 가는 경우, 새로운 아이들 사이에서 따돌림을 받지 않을까 부모와 아이들은 불안해합니다. 그런 걱정과 불안들은 학교의 모든 이들을 병들게 합니다.

자녀가 누구에게 맞거나 욕을 들으면 결코 좌시할 수 없다며 상대 아이와 부모에게 사과를 받기 원합니다. 상대 아이는 별 뜻 없이 한 말이었고 장난이었는데 너무 심하게 반응한다고 하는 경우가 있어요. 어떤 아이가 육체적 정신적 고통을 받았는데도 사과를 하지 않는 사람이 있는가 하면 상대가 미안하다고 사과를 했는데 그 사과를 받지 않고 더 높은 사과 방식을 요구하는 사람도 있습니다.

학교폭력으로 고통받는 사람들이 많아지면서 교육부에서는 학교폭력을 생활기록부에 남기고 대학 입학에 불이익을 주겠다고 나섰습니다. 개인적으로는 그런 방법보다 초등학교에서 더 필요한 것이 있다고 생각합니다. 바로 친구 관계에서 공감, 배려, 존중하고 남을 먼저 생각하는 이타적인 자세를 기르는 것입니다.

"오늘 정아가 나 때렸어. 지우개 안 줬다고 때렸어."

"안 아팠어? 뭐 그런 애가 다 있니? 다신 놀지 마."

엄마에게 이런 말을 들은 영우는 학교에 와서 다른 아이들이 다 듣도록 정아한테 가서 그대로 이야기를 합니다.

"넌 학교폭력 했다고 우리 엄마가 너랑 놀지 말래."

사건의 자초지종을 알고 나면 영우에게 그 말을 들은 정아가 억울하다는 것을 알 수 있었어요. 영우는 정아의 지우개를 허락도 없이 가지고 갔다고 해요. 그러니 정아가 영우에게 지우개를 달라고 했고 그런데 주지 않아서 실랑이하는 과정에 영우가 한

대 맞은 것입니다.

"모르고 그랬다고 사과까지 했는데 학교폭력을 한 아이로 만들어요?"

결국 부모의 감정싸움으로 번지게 되니, 친구라는 뜻을 다시 생각해 봐야 한다는 것이죠.

학교에서 친구는 즐겁게 놀고 이야기 나누는 존재가 되어야 합니다. 사회에 나가기 전에 친구를 사귀면서 사람들 대하는 방법을 배우는 것입니다. 하지만 학교폭력이 사회적 문제로 대두되면서 친구는 진정한 의미의 친구가 아니라 혹시나 학교폭력을 휘둘러 우리 아이를 괴롭히고, 놀리고, 왕따시키는 존재라고 은연 중에 정의되고 있는 현실입니다.

"오늘은 친구들이랑 잘 놀았어? 공부는 열심히 했지?"

"오늘 너 때린 아이 없었어? 전에 너 놀린 주원이는 요즘 너 안 놀려?"

학교생활에 대한 질문을 할 때 친구에 대한 긍정적인 질문을 하고 싸움이나 놀림을 당한 일을 말하면 그 일에 대해 어떻게 대응할지에 대한 방법을 이야기하는 것이 좋습니다. 친구에 대한 인격적이지 못한 말들은 아이의 머릿속에서 친구에 대한 정의가 옳지 못하게 자리 잡을 수 있습니다.

"주원이가 너에게 그런 말을 해서 속상했구나. 엄마가 들어도 속상해. 그런데 주원이는 왜 그런 말을 했어?"

"주원이랑 같이 점심시간에 놀기로 했는데 안 놀아 준다고 그랬어."

"나쁜 말을 한 주원이가 잘했다는 것은 아니야. 그런데 주원이는 너랑 놀고 싶었구나. 사과는 받았어?"

"사과했어. 안 놀아 줘서 그랬다고… 나도 다음에는 같이 놀겠다고 했어."

"그래, 주원이랑 다음에 같이 놀고. 약속을 했으면 지키는 게 좋아."

이런 대화 속에서 엄마에게 위로를 받았고 내가 하고 싶은 대로 하는 것이 아니라 친구에게 약속을 했으면 지켜야 한다는 생각을 하게 됩니다. 우리 아이가 친구에게 존중을 받으려면 먼저 다른 집 아이를 존중하도록 이야기할 필요가 있어요.

속상한 이야기 다 듣고 나면 어떤 점에서 그 아이가 그렇게 했는지 이야기하게 해 보세요. 그래야 아이들은 친구의 행동에서 마음을 읽고 공감할 능력이 생깁니다. 부모들은 자녀의 친구를 존중하고 부모끼리 공감하려는 마음이 필요합니다.

집에 가서 아이들이 학교에서 있었던 이야기를 하면 반만 믿으라는 말을 들어보셨을 겁니다. 이 말은 아이들이 거짓말을 한다는 뜻이 아니라 자기의 잘못을 작게 보이도록 이야기하는 경향이 있다는 것입니다.

간혹 아이의 말만 믿고 강력하게 민원을 제기하였다가 도리어 사과를 하는 경우가 있습니다. 아이의 이야기를 듣고 담임 선생님에게 먼저 확인 하는 것이 바람직하고 자녀에게 어떤 친구와 놀지 말라는 말보다 어떤 방식으로 대하는 것이 좋은지 토론해 보는 것이 더 슬기로운 방식입니다.

부모님이 대화하기 어려울 때는 친구 관계나 의사소통, 이타성, 공감 등이 주제인 그림책을 활용하는 것도 좋습니다. 학교폭력에 관해 추천하는 도서는《알사탕》,《친구를 모두 잃어버리는 방법》,《나 혼자 놀 거야》 등이 있습니다.

학교폭력에 대해 객관적으로 알고 대비해야 합니다. 요즘은 학교폭력을 신고하면 맞신고하는 일이 많아지고 있습니다. 피해자가 가해자로 변할 수도 있어 사전에 정확하게 알고 있어야 합니다. 무조건 신고하겠다 이런 생각보다 절차와 사례를 꼼꼼하게 아는 것이 필요합니다. 이때 제일 중요한 것은 우리 아이가 하면 별일 아니고 장난이라고 생각하는 것이 아니라 상대방의 입장에서 생각하는 중립적인 태도입니다.

학교폭력은 학생이 당하는 폭력이므로 학부모나 다른 사람이 아이에게 겁을 주는 것은 아동학대나 학교폭력이 될 수 있습니다. 실제로 학교 앞에서 기다렸다가 "우리 아이 때리지 마. 한 번만 더 그랬다가 경찰에 신고할 줄 알아라." 이렇게 엄포를 놓은 어머니를 학교폭력으로 신고한 일도 있었어요.

학교폭력 중 가장 많은 비율을 차지하는 언어 폭력은 부모나 가족들이 아이들에게 자주 하는 좋지 않은 말들을 친구들에게 하는 경우가 많습니다. 1학년 중 비속어를 말하는 아이들은 대부분 여기에 속하며 그 말을 들은 다른 아이는 충격을 받게 됩니다.

다른 친구 앞에서 친구의 나쁜 점을 거리낌 없이 말하는 아이, 입만 열면 바보, 멍청이를 연발하는 아이, 뚱뚱하다, 못생겼다 등 상대를 무시하는 말을 쉽게 하는 아이, 나하고 놀지 않으면 절교하겠다는 아이, 받아쓰기 10점 받았다고 놀리는 아이 등 작아 보이지만 학교폭력에 해당되는 말을 알고 아이가 하지 않도록 납득을 시켜야 합니다. 그러기 위해서 부모가 먼저 자녀에게 긍정적인 반응과 말을 하고 비속어나 욕, 비하하는 말을 하지 않아야 합니다. 자녀가 듣고 바깥에 가서 하지 않으리라 보장할 수 없어요.

만약 신체 폭력을 당한 경우에는 제일 먼저 힘든 아이의 마음을 다독여 주고 자초지종을 담임을 통해 파악하도록 합니다.

"야! 어떻게 멍청하게 맞고 와? 때리고 와야지. 아빠가 다 책임질 테니까 때리고 와!"

이런 말보다 아이가 이야기할 준비가 되었을 때까지 기다려 주고 자초지종을 들은 뒤 부모는 아이의 편임을 깊이 인식시켜야 합니다. 세상에 내 편이 아무도 없다는 고립된 마음이 들면 더 힘들기 때문에 헤쳐 나갈 힘이 부족해지기 쉽습니다.

초등학생이 되면 아이에게 자신의 감정을 표현하고 조절하는 방법을 알고 학교폭력에 노출될 때 행동하는 방법을 이야기하는 것이 좋습니다. 한 아이가 나를 괴롭힌다면 그 아이와 대화로 해결하는 것이 제일 좋습니다. 만약 그것으로 해결이 안 된다면 선생님에게 도움을 청하는 것이 좋습니다.

신체적 폭력에 절대 맞서 싸우지 않도록 이야기해야 더 큰 싸움을 피할 수 있습니다. 학교폭력으로 쌍방 신고하여 모두가 징계를 받는 일도 종종 있으니 당장 이길 수 있다고 해도 그 자리를 피하는 것이 좋습니다.

그리고 평소에 친구들과 두루 친하도록 노력하고 한 명을 따돌리고 괴롭히지 않도록 여러 번 이야기해야 합니다. 아이들은 혼자 하는 것보다 여러 명 같이 한다면 괜찮다고 인식하는 경향이 있기 때문에 1학년부터 집단 따돌림과 괴롭힘에 대해 분명하게 인식하도록 도움을 주어야 합니다.

그리고 언어폭력이나 신체 폭력, 따돌림 등 학교폭력을 당하는 친구들을 그냥 모른 척 지나치지 않아야 한다는 것을 꼭 알려 주세요. 그런 마음이 일반화되어서 많은 친구가 하지 말라고 같이 나서는 문화가 생긴다면 학교폭력이 줄어드는 계기를 마련할 수 있을 것입니다.

학교폭력은 우리 아이들의 안전한 학교생활을 위협하는 심각한 문제입니다. 그러므로 부모의 적극적인 관심과 대처, 그리고 예방 교육이 필수적입니다. 학교폭력 예방은 전적으로 학교의 몫이 아니라, 온 사회가 관심을 기울여야 줄어들 수 있을 것입니다.

부모는 항상 아이들의 말에 귀 기울이고, 그들의 변화를 세심하게 관찰하여 필요할 때 적절한 조치를 취할 수 있도록 준비해야 합니다. 우리 아이들이 학교폭력의 피해자나 가해자가 되지 않도록 예방하는 것은 물론, 발생 시에도 이를 건강하게 극복할 수 있도록 지원하는 것이 부모로서 할 수 있는 최선의 방법입니다. 우리 모두가 함께 노력한다면, 우리 아이들이 더 안전하고 행복한 학교생활을 할 수 있을 것입니다.

사과를 못 하겠어요

학교는 아이들이 처음으로 규칙에 따라 단체 생활을 하는 곳입니다. 유치원에서도 단체 생활을 경험하지만 유아 단계의 아이들에게 엄격한 규칙을 설명하기보다는 부드럽게 타이르는 경우가 많죠. 그러다 보니 아이들 중 사과하는 것을 힘들어하는 아이들이 있습니다. 이런 아이들은 상급학년으로 올라가면 더욱 심해집니다.

사과는 그냥 상대의 기분을 달래는 것이 아닙니다. 사과를 통해서 아이는 자신이 틀렸다는 것을 인정하고 자신의 행동에 대한 책임을 지는 것입니다. 그리고 자신의 행동으로 상대가 어떤 피해를 입었는지 생각하고, 공감하는 것입니다. 그리고 이에 대해 후회하고 앞으로 그런 행동을 하지 않겠다는 다짐을 공표하는 것이라 할 수 있습니다.

사과를 하지 않는 아이 중에는 자신이 무엇을 잘못했는지 모르는 경우도 있지만 자신이 잘못했다는 것을 알아도 어떻게 사과해야 할지 몰라 못하는 경우가 더 많습니다. 이런 태도는 오해를 만들고 친구 관계를 깨트리게 되지요. 심한 경우 학교폭력으로 커지기도 합니다. 이런 문제를 막기 위해서는 아이들에게 사과하는 법을 알려 주어야 합니다.

첫째, 가장 늦었을 때가 가장 빠른 때입니다. 실수를 알고 바로 사과를 했다면 제일 좋았겠지만 이미 늦었다고 생각하며 시간을 보내면 안 된다는 것을 이야기해 주어야 합니다. 머뭇거리지 말고 지금이라도 사과하는 것이 가장 빠른 때라는 것을 강조하여 사과하도록 해야 합니다. 이때 아이가 말로 하기 힘들어한다면 편지를 쓰고 핵심적인 말을 연습하는 것도 좋습니다. 길게 적지 않아도 됩니다. 짧게라도 자신의 목소리로 말할 수 있어야 합니다.

"지난주에 있었던 일 있지? 내가 모르고 부딪쳤지만 아프게 했는데 사과를 하지 않고 지나가서 정말 미안해."

아이가 어려워한다면 가정에서 부모님이 도와주시면 좋습니다. 이렇게 어떤 일에 대해 왜 사과하는지 내용을 담아 진지하고 겸손한 태도로 사과하도록 합니다.

둘째, 마음의 선물로 사과하는 방법도 좋습니다. 실수를 만회하기 위해 할 수 있는 일이 있는지 살피고 마음의 선물을 준비해 보세요. 상대에 대한 공감과 이해를 전달하는 수단으로 마음의 선물이 필요할 수 있습니다. 그것은 간식을 사주거나 학교 내에서 간단한 일을 도와주는 것일 수도 있습니다. 사과를 받는 상대가 겪은 일에 따라 시간이 필요할 수 있으며 즉시 용서할 준비가 되어 있지 않을 수 있다는 것을 이해해야 합니다. 인내심을 갖고 치유에 필요한 마음의 선물을 생각해 보면 됩니다. 마음의 선물은 사과 과정의 중요한 부분이지만 그것은 단지 첫 번째 단계일 뿐입니다. 일을 바로잡고 피해를 복구하기 위해 노력하고 있음을 보여 주는 것도 중요합니다. 여기에는 잘못된 상황을 바로잡기 위한 활동이 들어갈 수 있습니다.

셋째, 같은 실수를 반복하지 않도록 노력합니다. 실수를 반복하지 않도록 가정에서 아이에게 되짚어 주는 노력이 필요합니다. 여러 방법을 사용할 수 있지만 가장 추천하는 것은 일기 쓰기입니다. 있었던 일을 두고 스스로 생각해 보는 것입니다. 나를 되돌아보면서 대충 보거나 말을 툭 던져서, 흥분해서 등 같은 상황에서 더 좋은 행동이나 말은 없었는지 따져봅니다.

또 실수에 대해 부모 형제와 정기적으로 모여 공유하는 시간을 가지는 것도 좋습니다. 이 모임에서는 각자가 경험한 실수 중 하나를 선택하여 어떻게 극복했는지 이야기하는 시간을 갖는 겁니다. 상세한 사례를 공유함으로써 그 실수로 되풀이되지 않고 나아지는 과정을 만들어 갈 수 있습니다. 또한, 동기를 부여하고 실수를 극복하고 발전하는 데에 도움이 되어 자신의 성장을 이룰 수도 있습니다.

이런 모임을 가질 때는 부모도 솔직하고 구체적인 조언을 해야 합니다. 실수를 공유하거나 교훈을 얻은 아이에게 어떤 부분에서 잘못되었는지, 어떤 점을 개선해야 하는지를 명확하게 언급해 주어야 합니다. 단, 비난이나 꾸짖는 시간이 아닌 존중과 격려가 필요합니다. 잘못된 점을 지적하면서도 그들의 노력과 성장을 인정하고 긍정적인 면을 강조하면 더욱 좋습니다. 이를 통해 아이에게 긍정적인 에너지와 동기를 부여하고 격려하는 메시지를 주도록 해야 합니다.

학교에서 친구 간에 문제가 생길 수 있고 그 실수로 인간관계가 망가질 수 있습니다. 실수는 누구나 할 수 있지만, 그것을 알아차리는 순간 바로 사과하고 올바르게 대처해야 합니다.

내가 어지른 것은 내가 정리해요

아이가 놀거나 공부한 후에 정리 정돈을 하지 않아 항상 책상이 어지러운 문제로 고민인 부모들이 많습니다. 이런 태도는 학교에서도 비슷합니다. 아이가 필요한 책과 도구를 찾는 데 시간을 많이 소비하고, 결국 과제를 완성하지 못해 학습 목표를 달성하지 못하고, 이는 아이의 자신감에도 영향을 미치게 됩니다.

이런 경우 전날 밤, 잠자리에 들기 전 아이와 함께 10분을 할애해 보세요. 책상 위의 책을 정리하고 가방에 깎은 연필이 든 필통, 그리고 알림장, 준비물을 넣고 장난감을 제자리에 정리하는 겁니다. 이 작은 습관은 아이에게 다음과 같은 큰 변화를 가져다 줍니다.

첫째, 아이는 아침에 학교 가기 전에 필요한 숙제와 준비물을 쉽게 가져갈 수 있게 되면서, 아침 시간이 훨씬 더 여유롭고 평온해집니다. 아이는 학교에 가기 전에 긍정적인 기분으로 하루를 시작하게 됩니다.

둘째, 정리된 책상은 아이가 집중력을 발휘하는 데 도움을 줍니다. 공부할 때 필요한 것을 바로바로 찾을 수 있어 학습에 더욱 몰입할 수 있게 됩니다. 이는 학교생활에서도 마찬가지로, 아이가 수업에 집중하고, 선생님의 설명을 더 잘 이해하며, 친구들과의 활동에도 적극적으로 참여하게 됩니다.

셋째, 과제에 대한 집착 또는 몰입은 아이가 주어진 과제를 성공적으로 완수하는 데 중요합니다. 정리 습관을 통해 아이는 자신의 과제를 체계적으로 끝낼 수 있고, 필요한 책이나 자료를 금방 준비할 수 있게 됩니다. 더불어 학습의 지속력과 인내력도 함께 키워집니다. 정리를 통해 아이는 작은 성취감을 느꼈고 그 때문에 학습 목표를 향해 꾸준히 노력하는 동기부여가 되지요. 어려운 과제를 마주했을 때도 쉽게 포기하지 않고, 문제 해결을 위해 끈기 있게 도전합니다.

정리 습관은 단순한 일상의 일부가 아닌, 아이의 학습 효율성을 높이고 학교생활에 긍정적인 영향을 미치는 중요한 요소입니다. 부모님께서는 아이와 함께 정리하는 시간을 가지거나, 정리를 장려하는 보상 시스템을 이용해서라도 아이가 이러한 습관을 잘 형성할 수 있도록 도와주시는 것이 좋습니다.

매일 잠자기 전 10분 동안 정리 시간 갖기

아이와 함께 정리 정돈을 하는 시간을 정해 보세요. 예를 들어, 하루의 마지막에 10분 정도를 '정리 시간'으로 설정할 수 있습니다. 이때 중요한 것은 아이와 함께 정리를 하면서, 어떻게 하면 더 효율적으로 할 수 있는지 같이 고민해 보는 것입니다. 이 과정에서 아이는 정리 정돈의 중요성을 자연스럽게 배우게 됩니다.

책상 정리

효율적인 수납을 위해서 라벨을 붙여 어떤 종류의 학용품이나 개인 물건을 넣을지 정해 서랍을 나누면 좋아요. 책을 장르별로 분류해 책꽂이에 깔끔하게 정리하고, 더 이상 읽지 않는 책은 중고 서점에 판매하거나 기부하여 공간을 확보하고 현재 보고 있는 책들은 책꽂이에 꽂지 말고 책상 위나 바닥에 따로 바구니를 두고 담도록 합니다. 장난감은 따로 서랍장이나 정리 상자를 사용하여 아이의 동선에 맞게 유연하게 배치하면 됩니다.

가방 정리

필수품 중심으로 정리하기 위해 학교나 외출 시 필요한 필수

품만을 가방에 넣어 가볍게 만들어 주세요. 가위, 풀, 알림장, L자 파일 등 각각의 물건은 아이와 함께 자리를 정하고 정해진 자리에 있도록 하면 좋아요. 그래야 쉽게 찾을 수 있습니다. 하교 후 저녁 시간에는 아이와 함께 가방 속의 알림장 확인과 준비물 챙기기, 신청서 같은 가정통신문이 있는지 확인하도록 합니다. 1주일에 한 번 정도로 기간을 정해 주기적으로 가방을 비워 불필요한 물건이나 학습지, 가정통신문을 제거하는 습관을 길러 주세요.

정리 정돈을 장려하는 보상 시스템 만들기

아이가 스스로 정리를 했을 때, 정리 정돈을 깔끔하게 했을 때, 정해진 방법대로 정리했을 때 등등 바람직한 행동을 했을 때 긍정적인 반응과 작은 보상을 해서 이 습관이 초기에 빠르게 정착되도록 애를 써 보세요.

매일 가방을 정리했다면 그때마다 그 행동에 대해 넘칠 정도로 칭찬을 합니다. 그냥 잘했다 보다는 구체적인 행동을 넣어서 칭찬을 해야 효과가 있어요.

“우와, 오늘도 네 가방이 정말 깔끔하네! 특히 연필과 필통을 따로 넣어서 정리한 거 정말 잘했어. 찾기도 쉽고 너무 효율적이야.”

“응, 엄마가 말해 준 대로 해 봤어!”

"네가 매일 가방을 이렇게 잘 정리하는 걸 보면 정말 대견하고 기뻐. 네가 정리를 잘하는 모습을 보면서 나도 배우게 돼."

"정말이야? 나도 엄마가 좋아해서 좋아."

"그래. 이번 주에 매일 가방 정리를 이렇게 잘했으니, 주말에 함께 좋아하는 공원에 가서 놀자. 아니면 네가 좋아하는 작은 선물을 사 줄까?"

"진짜? 감사합니다!"

아이의 구체적인 행동을 칭찬하고, 일주일 동안 지속적으로 잘했을 때 보상을 주는 것은 아이가 정리하는 습관을 긍정적으로 인식하고 지속하게 만드는 데 도움이 됩니다. 아이가 행동을 통해 바로 긍정적인 반응을 받을 때, 그 행동을 반복할 동기를 갖게 되며, 이는 습관 형성으로 이어집니다.

정리 정돈 할 동기와 정리하기 쉬운 환경 만들기

아이가 왜 정리 정돈이 필요한지 이해할 수 있도록 설명해 주세요.

"네가 네 방을 깨끗이 정리하면 좋은 점이 뭔지 알아? 정리 정돈을 하면 네가 필요한 것을 더 빨리 찾을 수 있어. 그래서 공부나 놀이에 더 많은 시간을 쓸 수 있어."

아이가 정리의 필요성을 이해하면 좋아하는 놀이를 더 하기 위해 스스로 행동을 바꾸려는 동기가 생길 수 있어요.

그리고 아이의 책상과 방을 정리하기 쉽게 구성해 주세요. 사용하지 않는 물건은 최소화하고, 필요한 물건만 쉽게 접근할 수 있도록 부모가 먼저 정리하는 것이 좋습니다. 파일박스, 파일꽂이, 수납함, ㄷ자 선반 등을 활용하여 책과 장난감, 놀이 도구, 잡동사니 등을 깔끔하게 정리하고 물건마다 들어갈 장소를 정하면 쉽게 정리할 가능성이 높아집니다.

학교나 학원 관련 책은 책장 중 쉽게 볼 수 있는 위치에 두고, 최근에 읽고 있는 그림책이나 동화책은 다른 높이에 두면 됩니다. 이미 읽었거나 다음에 읽을 책은 거실이나 다른 방 책장에 두었다가 교체하면 좋아요. 연필이나 색칠도구 등 학용품은 뚜껑이 있는 안이 보이는 통에 라벨을 붙여 넣어 둡니다. 장난감이나 놀이 도구는 넓고 투명한 통에 넣어서 뚜껑을 닫아 두고 정리하면 좋습니다.

정리 정돈은 단순히 물건을 제자리에 두는 것 이상의 의미를 지닙니다. 자녀가 주변 환경을 관리하는 방법을 배움으로써, 그들의 작업과 시간을 효과적으로 관리하는 능력도 함께 발달합니다. 이는 자녀가 학습에 대한 자신감을 높이고, 더 나아가 자신의 목표를 달성하는 데 필요한 기초를 마련할 수 있게 합니다.

정리 습관은 작은 시작이 큰 변화로 이어질 수 있습니다. 부모님의 꾸준한 관심과 격려가 자녀가 좋은 정리 습관을 갖는 데 결정적인 역할을 할 수 있습니다. 함께 청소하고 정리하는 시간을 가지며, 이를 통해 가족 간의 소통과 유대감도 함께 쌓아갈 수 있습니다.

이제, 부모님의 손길이 닿는 곳곳마다 정리의 중요성을 아이에게 보여 주세요. 우리의 노력이 아이들의 삶에 긍정적인 습관을 심어 주고, 그들이 미래에 자신의 꿈과 목표를 향해 나아가는 데 큰 힘이 될 것입니다.

우리 함께 시작해 볼까요? 부모님의 작은 인내와 노력이 아이의 큰 변화를 끌어낼 것입니다.

충분히 쿨쿨 재우세요

초등학교는 인생에서 기초적인 일상생활 관리 능력을 배우는 중요한 시기입니다. 자녀가 일상생활 관리 기술을 배우고 익히는 것은 향후 중, 고등학교생활의 성공적인 적응에 필수적입니다. 자기 앞가림을 하며 스스로 공부할 수 있는 환경을 만드는 것입니다.

초등학교 저학년 아이들의 건강한 성장과 발달을 위해 규칙적인 생활 리듬, 특히 수면 습관과 시간 관리가 더욱 중요합니다. 관련 연구에 따르면 초등학생은 매일 8~10시간의 수면이 필요하다고 해요. 아이가 아침 7시에 일어나기 위해서는 저녁 9시에는 잠자리에 들어야 한다고 하네요. 그러나 현재 아이들은 학원 스케줄에 쫓겨 잠이 항상 부족합니다.

학원이 더 중요할까요? 학교가 중요할까요?

서아는 여러 학원으로 항상 바쁜 아이였어요. 3학년부터 SKY 반에 다니기 시작하면서 수업 시간에 졸거나 멍한 시간이 많아졌죠. 알레르기성 비염으로 콧물이 많이 나서 휴지가 책상 위에 항상 있어야 했고 수업 시간에 반응 속도가 느린 편이었어요. 전체적으로 설명을 다한 뒤에 무엇을 해야 하는지 따로 설명을 해 주어야 했고 색칠이나 만들기는 대충하는 편이었죠. 서아의 취침 시간은 밤 11시 전후였고 아침은 독서하기 위해 6시에 일어난다고 했어요.

"학원 다녀와서 숙제하려면 그래도 시간이 없어요. 가끔 12시에 자기도 해요."

중학교 3학년 학생도 아닌 초등학교 3학년이 이렇게 늦게 자고 일찍 일어나다니 대단하고 생각했어요. 하지만 문제는 잠이 부족하여 판단력이나 반응 속도가 느려져서 학교에서 일상생활이 망가지고 친구들과의 관계에서 소극적으로 변해 가는 것이었습니다.

미래의 대학을 위해서 학원 숙제를 위해 잠을 아껴가며 학교에 와서 친구에게 실수하고 학습에 느린 모습을 보면 마음이 무거웠습니다.

OECD에서 청소년의 수면 시간이 8시간 22분으로 권장하고 있습니다. 하지만 우리나라 청소년들은 평균 6시간 3분의 수면을 취하는 것으로 나타났습니다. 전문가들은 초등학생의 적절한 수면 시간을 평균 9~11시간으로 권장하고 있지만, 현실적으로 많은 초등학생들이 이를 충족하지 못하고 있습니다. 대부분 아이가 밤 10시 또는 11시 이후에 잠자리에 들고, 초등학교 1학년조차도 9시 정도에 자는 것을 이상하게 여기는 경우가 많아요. 이런 현상은 아이들의 신체 시계 조절력과 수면의 질을 저하시키는 주된 이유가 되었습니다.

충분한 수면은 학습한 내용의 정리와 장기 기억으로의 전환을 도와 학원이나 학교에서 배운 내용을 더 잘 소화하고 기억하는 데 필수적입니다. 그뿐만 아니라, 규칙적인 수면은 성장 호르몬의 분비를 촉진하고, 아이의 신체적, 정신적 발달에 중요한 역할을 합니다. 이는 아이의 감정 조절 능력을 향상하고, 사회적 상호작용에서 긍정적인 영향을 미치는 거죠. 따라서 초등학교생활을 잘 하기 위해서는 충분하고 규칙적인 수면이 필수적입니다.

이런 점에서 부모는 저학년 아이일수록 아이의 수면 시간을 주의 깊게 챙겨야 합니다. 초등 1학년에서 2학년은 새로운 환경에 적응하고, 한글을 습득하며 기초 학문의 토대를 세우고, 사회적 활동을 익히는 중요한 시기이기 때문입니다.

저학년은 낮 동안의 활동이 왕성한 시기로 쉽게 잠자리에 들지 못하는 경우가 많습니다.

'놀다가 지치면 자겠지?' 이런 마음으로 두면 부모가 보는 드라마까지 챙겨 보고 늦게 잠이 드는 것은 흔한 일입니다.

"우리 애는 밤에 잠을 안 자요. 그다음 아침에 못 일어나서 지각을 해요. 선생님께서 이해 좀 해 주세요."

이런 말은 자랑이 아니죠. 지각을 하면 하루의 공부가 모두 급하게 느껴집니다. 모두 앉아서 교과서를 보고 있는데 들어오면 아이들은 "지각이다. 너 지각했어." 이렇게 이야기해요. 담임 선생님이 뭐라고 하지 않아도 반 친구들이 이렇게 이야기하니 늦은 아이는 홍당무가 되어서 다시 안 늦으려고 애를 씁니다. 하지만 자주 늦는 아이는 오히려 태연하게 들어오지요. 1교시에 도서관이나 다른 공간에서 공부를 하러가면 지각하는 아이는 교실에 와도 아무도 없어서 당황하기 마련입니다. 학교생활 관리를 잘할 수 있는 첫걸음이 바로 수면입니다.

잠자리 루틴 만들기

먼저 아이와 잠이 왜 필요한지 이야기합니다. 서아처럼 학원 과제가 있는 경우 잠을 자기 위해 과제를 빠른 시간 내 끝내기로 약속합니다. 그렇게 끝날 시각을 약속하면 과제를 빨리 끝낼 수 있습니다. 그리고 잠을 잘 준비를 부모와 아이가 같이 하면 좋습니다.

잠자리에 들기 전 루틴을 만들면 부모의 잔소리가 없이 아이가 더욱 편안하게 잠들 수 있도록 도와줄 수 있습니다.

서아는 학원 과제를 9시까지 끝내기로 약속했고 대체로 9시 30분 정도에는 엄마나 아빠와 함께 침대 위에서 책을 읽었습니다. 1학년까지 그림책을 읽어 주었지만 2학년 이후로는 서아 혼자 읽고 있었습니다.

"서아에게 그림책부터 한 권, 두 권 읽어 주면 처음에는 잠이 안 온다 칭얼대다가 어느 새 잠이 쉽게 들어요. 숙제하느라 늦게 잤는데 알고 보니 꾸물대고 집중 안 해서 그런 거더라고요."

잠자기 루틴 속에서 부모와의 교감을 많이 하게 되고 그를 통해 정서적인 안정감을 가질 수 있습니다. 동화책을 읽거나 부드러운 음악 듣기, 가벼운 스트레칭을 하는 것과 같은 잠자기 루틴을 만들어 보세요.

부모와 함께 오늘을 이야기하고, 내일을 계획하는 시간은 아이와의 소통을 늘리고 긍정적인 수면 습관을 형성하는데 도움이 될 것입니다. 이때, 부모는 매일 밤 같은 시간에 아이가 잠자리에 들도록 돕는 것이 좋습니다. 아이들의 신체 시계를 조절하여, 매일 밤 일정한 시간에 졸음을 느끼게 하고 아침에도 비슷한 시간에 기상하면 규칙적인 수면에 적응할 수 있습니다. 물론 주말에도 동일하게 자고 일어나야 수면 습관에 방해가 되지 않습니다.

서아 어머니는 수면 환경을 좋게 하기 위해 침실은 편안하고 조용하게 만들고 따뜻한 색조의 조명을 사용하여 멜라토닌을 잘 생성되도록 도왔습니다. 또한, 잠자리에 들기 최소 한 시간 전에는 스마트폰이나 태블릿을 사용하지 못하게 하고 같이 책을 읽었습니다.

"가끔은 침대에서 뒹굴며 스트레칭을 시키기도 했는데 신기하게 그날은 유난히 더 잘 자요. 수면 루틴을 만든 후 학원에서 더 잘한다고 칭찬도 들었어요."

이와 같은 규칙적이고 충분한 수면은 아이의 건강한 성장과 학교생활의 성공을 돕는 것을 알아야 합니다. 학교와 학원, 가정 등의 일상생활 관리 능력을 키워 우리 아이의 잠재력을 최대한 끌어내는 것이 초등학교 시기에 부모가 해야 할 일입니다.

노는 게 제일 좋아요

주혜 어머니를 방학 중에 마트에서 우연히 만났는데 넋두리를 늘어 놓았습니다.

"매일 놀기만 하고 숙제는 나중에 한다고 해요. 그러다가 결국 시간이 없어 잠을 자고 다음날 급하게 과제를 하고 학원을 가요. 어유, 요즘은 학원 숙제에 방학 숙제까지 하느라고 매일 싸워서 힘들어요. 빨리 방학이 끝났으면 좋겠어요."

학원 숙제와 방학 과제를 시키느라 진이 다 빠졌다는 학부모의 하소연을 듣고 있으니 과연 내가 방학 과제를 많이 냈었나 다시 생각을 하게 되었죠. 요즘 학교에서는 과제를 많이 제시하지 않고 필요한 것만 내는 편입니다. 또 평소에도 아이들이 학원 과제가 많다 보니 학교 숙제는 잘 하지 않는 것을 알기 때문에 과제를 웬만하면 내지 않는 편입니다. 다만 조사를 해야 하거나 시간이 부족할 경우, 과제 없이 수업이 하기 힘들어지는 경우에만 과제를 제시하는 편입니다. 요즘은 학교 과제보다 학원 과제가 더 중요한 것이 현실입니다.

그때 방학 과제는 일기 일주일에 2편, 책 읽기, 운동하기, 1학기 중에 못 한 교과서 문제 풀고 복습하기 같이 꾸준히 해야 하는 것이었습니다. 주혜 어머니의 말은 학원 숙제는 매일 시켰지만 학교 방학 과제를 하지 않다가 방학 끝에 갑자기 하려니 힘들었다는 이야기였습니다. 그리고 학교 숙제는 안 해 가면 안 될지 물었습니다.

주혜 어머니 같은 경우는 숙제를 시키는 방법의 변화가 필요합니다. 놀기부터 하는 아이의 생활 패턴을 바꿀 필요성이 있습니다.

재미있는 놀거리와 볼거리가 넘치는 세상에서 부모가 자녀의 숙제 습관에 대해 걱정하는 것은 드문 일이 아닙니다. 과제를 미루고, 과제를 마치기 전에 몰래 놀고, 대충 후다닥 한 숙제의 질이 낮아서 놀라는 일은 흔합니다.

자녀의 성공적인 학습 습관을 키우는 과정에서 부모가 직면하는 가장 일반적인 과제 중 하나는 자녀가 무엇보다 먼저 숙제를 하도록 설득하는 것입니다. 왜냐하면 아이의 에너지는 한정

되어 있고 놀기부터 한다면 과제나 자기주도적 학습을 할 에너지가 남지 않을 가능성이 높습니다.

숙제와 놀이 사이의 복잡한 실랑이 속에서 부모는 자녀에게 책임감을 심어 주기 위해 설득력 있는 도구를 사용하는 것이 필요합니다.

대부분 부모는 좋은 말로 설득하다가 결국 싸움을 하거나 강압적인 분위기로 과제를 하게 만듭니다. 더 큰 문제는 이런 식으로는 대충 쓴 글자는 정답률이 크게 낮아서 다음 문제로 이어집니다. 성의가 없다거나 공부할 생각이 있느냐 이런 식으로 큰 소리를 내게 됩니다.

이 문제들을 해결할 방법을 찾는 활동 중 필요한 중요 전제 조건이 3가지 있습니다. 처음 조건은 아이의 사고방식을 이해하는 것입니다. 무엇을 재미있게 생각하는지 알고 이해를 받고 있다는 허용적 분위기가 꼭 필요합니다. 또 평소에 약속을 잘 지키는 부모가 되어야 합니다. 내가 부모의 요구대로 했는데 즉각적인 보상이나 약속 이행을 해 주는 것이 어렵다고 판단하면 아이는 절대로 협상의 테이블에 앉지 않을 것이기 때문입니다. 마지막으로 부모가 과제에 집착하고 너무 높은 수준을 요구하지 않아야 합니다. 과제를 요구하는 수준보다 높고 많은 양을 해 가거나 바른 글씨가 되어야 하는 것은 아닙니다. 심지어 대신해 주면 안 됩니다. 내 일이 아닌 엄마 일이 되는 순간 아이는 과제를 하지 않으려고 합니다. 지금은 못생긴 글씨지만 하는 방법을 알고 배워 나가면 어느 순간 멋진 숙제를 해 갈 수 있으니 참아야 합니다.

놀이보다 과제나 공부를 먼저 하게 설득하는 방법은 다음과 같습니다.

첫째, 과제를 먼저 해야 하는 이유나 필요성에 대해 토론합니다. 인지 과학을 바탕으로 뇌의 자연스러운 리듬을 활용하여 학습 효과를 높이는 방법을 이야기하면 좋습니다. 당연한 이야기이지만 정신이 맑을 때 과제를 처리하는 것이 집중력과 기억력을 향상하여 빨리 끝나고 결과물이 좋습니다. 또 미루는 습관은 당장 하지 않고 노는 동안 자신이 인식하지 못하는 순간 마음 속에서 과제를 시작해야 하는 막연한 어려움, 실패에 대한 두려움으로 스트레스를 받는 것에 대해 함께 생각해 봐도 좋습니다.

과제를 먼저 하고 그 뒤에 휴식을 하는 것이 좋은 성과를 낸다는 뽀모도로 개념을 설명하여 아이들이 필요성과 동기를 부여하는 대화를 나누는 것도 도움이 됩니다.

뽀모도로 기법은 일정한 간격으로 공부와 휴식 시간을 나누어서 진행하여 집중력과 생산성을 높이는 시간 관리 기법입니다. 보통 25분 동안 집중하여 공부하고, 그 후 5분 정도의 휴식을 취하는 것을 반복하는 방식으로 진행됩니다. 공부의 진행을 효율적으로 시키고 목표를 달성하는 데 도움이 됩니다. 이 기법은 주로 미루기를 줄이고 집중력을 향상시키는데 도움이 됩니다. 주방 타이머를 활용해도 좋고 카카오톡의 타이머 기능이나 많은 무료 타이머 앱을 다운받아 활용하면 좋습니다.

둘째, '숙제 먼저, 놀이는 나중에, 걱정 없이 즐겁게 놀자' 전략입니다. 성취의 기쁨을 떠올리고 스트레스 없는 놀이 시간을 상상해 보도록 이야기 나누어 보세요.

"주혜야, 너 좋아하는 퍼즐을 완성하거나, 그림을 다 그렸던 때 기분이 좋고 뿌듯했던 그 느낌을 기억해? 과제가 먼저 끝나면 빨리 놀 수 있고 아무런 걱정 없이 그 즐거움을 느낄 수 있어."

놀기 전에 과제를 마치면 성취감을 느낄 수 있고 그다음에는 걱정 없이 놀 수 있을 때 기분을 알게 해 주면 좋습니다. 숙제를 먼저 한다고 놀이 시간이 없어지거나 재미를 놓치는 것이 아니라는 사실을 느끼도록 해야 합니다.

선뜻 아이가 인정하지 않는다면 무조건 실행하는 것보다 실험 기간을 몇 주 동안 가지는 것도 좋습니다. 과제를 하지 않고 놀고 나서 과제를 하는 것을 일정 기간 동안 해 봅니다. 이때 선행될 조건은 과제의 질입니다. 과제는 틀리거나 대충하지 않아야 의미 있는 실험이 됩니다. 다음에는 바꾸어서 과제를 먼저 하고 노는 방식을 실행해 봅니다. 이론적인 말보다는 직접 해 본다면 다른 점을 알 수 있을 것입니다.

만약 기간이 충분하지 않다면 좀 더 늘려서 체득하도록 이끌 필요성이 있습니다. 아이가 '나는 먼저 노는 것을 선택하겠다'라고 하더라도 결과적으로 과제를 잘 해낸다면 존중해 주는 것이 좋겠습니다.

셋째, 자녀가 원하는 보상 시스템 전략입니다. 숙제와 놀이 시간의 격차를 해소하는 보상 시스템을 만들어 주는 것입니다.

숙제를 일찍 마치면 추가 놀이 시간이나 작은 즐거움이 있다고 설명하는 것입니다. 이 기술은 동기부여 요소를 추가할 뿐만 아니라 책임감 있는 행동을 통해 보상을 얻는 만족감을 가르칩니다. 예를 들면 과제를 빨리 끝내거나 과제의 완성도가 높을 경우, 자녀가 원하는 시간을 보낸다거나 활동을 하도록 지원하는 것입니다.

그리기나 만들기를 좋아하는 아이라면 그림을 그리거나, 공예품을 만들거나, 상상력이 풍부한 물건을 만들 수 있는 시간이나 물건을 사 주는 방식입니다. 야외 활동을 즐기는 자녀라면 흥미진진한 스포츠를 보러 가는 것부터 인근 공원에서 노는 것을 허용하면 됩니다. 만약 좋아하는 영화를 보고 싶은 자녀에게는 숙제를 일찍 마치면 좋아하는 간식을 들고 아늑한 장소에서 영화를 보거나 애니메이션 모험을 즐기는 보상을 줄 수 있습니다.

이런 보상 시스템은 성취한 것을 바탕으로 그리기나 만들기, 스포츠 활동, 영화나 보드게임 또는 독서를 통해 보다 발전된

나를 만드는 디딤돌이 됩니다. 공부과 놀이 사이의 이러한 다리를 만들어가는 것은 아이들은 학습의 기쁨을 경험할 뿐만 아니라 자신의 성장과 성취를 축하하는 시간이 될 것입니다.

공부를 먼저 해야 하는 이유와 필요성을 알아보고 학업 성취의 이점을 보여 주고, 보상 시스템을 도입함으로써 부모는 자녀가 숙제를 우선시하는 길로 효과적으로 지도할 수 있을 것입니다. 이는 자녀의 재미를 억누르는 것이 아니라 학습과 여가에 대한 균형 있고 성공적인 접근 방식이라는 것을 부모는 알아야 합니다.

시간 관리 능력으로 시간을 벌어요

시간 관리는 하루를 통해 수행해야 할 여러 활동들을 효율적이고 균형 있게 배분하는 기술입니다. 이는 특히 초등학교 저학년 아이들의 경우, 학습, 여가, 그리고 무엇보다도 충분한 수면을 포함하는 일상생활의 루틴 구조를 만드는 데 중요합니다. 저학년 때 구축한 학교생활 관리 능력은 앞으로 학교생활의 기반을 이룹니다.

가정에서는 시간 관리의 필요성을 단순한 일과의 조정을 넘어서는 것임을 알아야 합니다. 시간 관리를 통해 아이들이 학교와 집에서의 활동, 숙제, 놀이 시간, 그리고 수면까지 포함한 모든 활동에 충분한 시간을 만드는 방법을 생각해 보는 것입니다.

이러한 시간 관리는 아이들이 각 활동에 필요한 시간을 적절하게 사용하도록 도와주며, 특히 밤에 충분한 수면을 취할 수 있게 해 줍니다.

민혜가 막 입학했을 때에는 한눈에 부모님이 맞벌이라는 것을 눈치챌 수 있었습니다. 늦게 퇴근하는 부모를 기다리며 늦게 자고 늦게 일어나는 생활 습관으로 준비물을 챙겨오지 못하거나 지각을 하는 등의 생활 태도를 보였습니다.

"어머니, 방학 기간에 민혜의 일상생활 습관을 만들어 보세요. 그래야 평소에 민혜가 스스로 할 수 있을 거예요."

민혜 어머니는 민혜가 여름방학 동안 짧지만, 효과 만점인 시간 관리 방법을 익힐 수 있는 방법을 찾았습니다.

우선 민혜가 하루를 어떻게 보내는지 생각해 보고, 시간을 지키는 것이 왜 중요한지, 지각을 하거나 차를 놓칠 경우, 어떤 기분이 드는지 이야기하는 시간을 가졌습니다. 더불어 시간을 잘 관리하면 스트레스가 해소되고 높은 성취감을 통해 공부를 더 잘할 수 있다는 장점을 이야기하면 좋습니다. 여러 번의 대화를 통해 민혜는 일상생활의 간단한 루틴을 만들었습니다. 루틴은 가볍고 쉬워야 성취감을 느끼고 부담이 없어서 스스로 관리하기 쉽습니다.

그리고 민혜와 함께 집을 정리하면서 아이의 책상을 깔끔하게 만들었습니다. 책상 위에는 학교 관련된 책을 꽂는 자리, 학원 관련된 책을 꽂는 자리로 나누었습니다. 민혜가 해야 하는 공부는 분홍색, 해야 할 일은 노란색으로 나누어 보드판에 체크리스트 형태로 붙이게 했습니다. 민혜가 사용하는 물건을 담아두는 바구니도 마련하여 사용 후 바로 수납을 유도했습니다. 또 뽀모도로 타이머를 활용하여 민혜의 짧은 집중 시간을 최대한 활용했습니다.

"엄마가 아침에 하라고 말한 것이 학교 갔다 오면 기억이 안 났어요. 근데 이제는 메모를 보면 알 수 있으니 좋아요. 또 20분 타이머 울리고 10분간 노는 시간이 너무 좋아요."

시각화된 메모와 타이머로 집중력을 키우며 시간 관리하는 방법을 배웠습니다.

가족 공동 일정이나 할 일은 바로 공유할 수 있도록 앱을 사용했습니다. 민혜네 세 가족은 구글 캘린더를 활용하여 실시간으로 필요한 일을 입력하였습니다. 아이가 집에서 입력한 준비물이나 내일 학교 행사를 직장에서 알람을 통해 확인할 수 있었습니다. 그리고 수시로 벽에 걸린 달력에 적어서 시간 관리를 습관화했습니다.

끝날 시간은 아이에게 정하도록 했습니다. 그리고 끝나면 게임을 하거나 원하는 만화책을 볼 수 있는 시간을 주었습니다. 단, 게임이나 만화책은 정해진 열린 공간에서 정해진 시간 동안 타이머를 맞추어 지키게 했습니다. 스스로 정한 시간을 균형 있게 운영하는 방법을 배울 수 있도록 한 것입니다.

"전에는 엄마가 30분만 공부하고 놀라고 하고는 더 공부하라고 했어요."

이렇게 부모가 정해진 시간을 어기거나 너무 칼처럼 지키도록 종용하지 말아야 합니다. 계획된 시간을 유동성 있게 지키면서 하고 싶은 활동을 이어가는 것은 시간 관리의 자율성을 만들어가는 것입니다. 이렇게 하면 아이는 집중력 있게 과제를 해 자유시간이 더 늘어날 수 있습니다.

마지막으로 쉬운 것부터 시작하여 점차 목표의 난이도를 높여서 스스로 할 수 있게 했습니다. 반복적으로 잔소리를 하거나 되새김하는 부모가 많습니다. 그렇게 닦달해서 아이가 하게 된다면 수동적이고 책임을 부모에게 전가하는 일이 많아집니다. 아이는 부모가 억지로 시켜서 한 일이니 잘못 된다면 부모의 탓이라고 생각합니다.

시간 관리를 위해 아이 스스로 정리 정돈, 공부 시간을 챙기기 위해서 부모는 참아야 합니다. 시간 관리를 하기 위한 연습과 충분한 시간이 필요합니다. 아이가 쉬운 것부터 혼자의 힘으로 하도록 하고 명확하게 해야 하는 기준(시간, 범위, 횟수 등)을 정해 주면 좋습니다.

"민혜야, 책상 정리는 색깔별로 정리하면 돼. 연필 같은 학용품은 분홍 바구니, 학원 숙제는 파란 바구니, 학교 준비물은 흰

바구니에 담거나 가방에 넣기. 저녁 먹기 전에 해 놓자. 할 수 있지?"

책상 위 책꽂이에는 학교, 학원, 민혜가 읽고 싶은 책으로 나누었고, 색깔이 다른 바구니를 겹겹이 쌓아 분야별로 나누어 담도록 했습니다. 라벨을 붙여서 선반이나 서랍을 활용하기도 했습니다.

이러한 시간 관리 습관을 정착시키는 것은 아이들이 성장함에 따라 학업, 개인적인 목표 달성 및 삶의 다양한 영역에서 중요한 역할을 하게 될 것입니다.

시간 관리는 자녀가 어려운 일을 만났을 때 할 수 없다는 버거운 느낌이나 스트레스를 줄이는 효과가 있습니다. 또 시간을 보다 효율적으로 관리함으로써 학습 과제를 정해진 시간에 제대로 끝내고 충분한 잠을 잘 수 있습니다. 시간 관리는 또한 아이들에게 책임감과 자기 관리 능력을 길러 주는 기회를 만들어 줍니다. 아이들이 자신의 일과를 계획하고 관리하는 과정에서, 시간을 어떻게 분배하고 사용하는 지에 대한 중요한 교훈을 배울 수 있습니다. 이러한 습관은 아이들이 성장하면서 학업, 사회 활동 및 개인적인 목표를 달성하고 독립적인 인간으로 자랄 수 있도록 돕습니다.

슬기로운 스마트폰 생활

현대 사회에서 스마트폰은 현대인들의 생활에서 떼래야 뗄 수 없는 존재가 되었습니다. 한국갤럽이 2023년 전국 만 18세 이상 스마트폰 사용 여부 조사 결과, 97%가 '사용한다'고 답했습니다. 2012년 53%에서 97%까지 급성장했고, 전 세계 55억여 명 중 70%가 사용하는 것을 보면 우리나라의 스마트폰 사용률이 매우 높은 것을 알 수 있습니다.

이러한 변화는 어느 날 갑자기 찾아온 것이 아닙니다. 코로나라는 특수한 상황으로 일반화가 되기 시작한 학교나 학원의 온라인 학습이 많아지면서 많은 어린이가 학습 도구로 스마트폰을 활용하고, 게임이나 소통용으로도 사용하고 있습니다. 하지만 이러한 변화 속에서도 전문가들은 스마트폰 중독, 눈의 피로도 증가, 주의 집중 시간 감소, 학업 성취도 저하, 사회적 기술 발달 지연 등 다양한 우려를 하고 있습니다.

스마트폰 중독은 스마트폰 사용 시간이 점차 증가하고, 스마트폰이 없으면 불안과 초조함을 느끼는 현상입니다. 스마트폰은 컴퓨터에 비해 언제 어디서나 가지고 다닐 수 있고, 한 번만 터치하면 되는 편리성과 푸시 기능 등으로 손쉬운 접근이 되지만 그런 점 때문에 학교생활까지 부정적인 영향을 끼치는 아이들이 늘어나고 있습니다.

사이버 괴롭힘은 적대적인 문자나 카카오톡으로 소문을 유포하거나 당황스러운 사진 공유 등으로 일어나는 학교폭력의 일종입니다. 사이버 괴롭힘은 온라인에서 일어나기 때문에 아이가 이에 대해 말하지 않는 한 부모나 교사가 이 문제를 인식하는 것은 어려운 일입니다.

인터넷에서 부적절한 성인용 콘텐츠나 연령에 맞지 않는 게임을 접할 경우에 어린이는 욕설이나 폭력적인 이미지에 노출될 수 있습니다.

4학년인 지호는 코로나로 1학년부터 스마트폰을 사용하여 온라인으로 학교 수업과 영어 학원 수업을 듣고 과제를 제출하고, 교육 앱을 통해 새로운 지식을 얻기도 했습니다. 문제는 시간이 지남에 따라 지호는 학습 목적이 아닌 게임과 소셜 미디어를 사용하는 데 더 많은 시간을 할애하게 되었어요. 이는 곧 학습 시간 감소와 집중력 저하로 이어졌어요. 지호의 부모님은 이러한 변화를 목격하며 큰 걱정을 하게 되었지요. 이처럼 스마트폰이 어린이들에게 긍정적인 영향을 줄 수 있는 도구임과 동시에, 관리되지 않을 경우, 부정적인 영향을 미칠 수 있다는 점을 부모들은 깊이 생각해야 하지요.

부모는 이러한 문제를 해결하고, 아이들이 스마트폰을 교육적 도구로 적절히 활용할 수 있는 방법을 찾는 것이 중요합니다. 스마트폰을 건강하고 생산적으로 사용할 수 있는 구체적인 방법과 스마트폰을 사용하면서 생길 수 있는 다양한 문제들을 예방하고, 긍정적인 방향으로 이끌 수 있는 방법을 찾아볼 필요성이 있습니다.

첫째, 아이와 함께 스마트폰 사용 시간을 설정하고, 특정 규칙을 적용합니다. 예를 들어, 아이가 하루에 1시간 동안만 스마트폰을 사용하도록 하거나, 식사 시간과 잠자리에 들기 전에는 스마트폰 사용을 금지하는 규칙을 설정할 수 있습니다. 이 규칙은 자녀가 스마트폰에 과도하게 몰두하는 것을 방지하고, 저녁 시간을 가족과 함께 보내거나 다른 취미 활동에 참여할 수 있도록 돕습니다. 시간제한을 설정함으로써 스마트폰에 대한 자기 조절력을 키울 수 있어요. 부모와 함께 정한 규칙을 지켜나간다면 자기 통제력을 높일 수 있어 다양한 활동을 경험할 수 있는 균형 잡힌 일상을 유지할 수 있게 됩니다.

스마트폰은 연중무휴, 장소를 안 가리고 놀 수 있는 도구입니다. 정해진 시간과 장소를 함께 정하고 가족 모두 지키도록 노력해야 효과적입니다. 식사 시간, 여행, 가족 모임, 다른 친구와 모임 등에서 스마트폰을 하여 소통이 되지 않는 것을 피하는 것이 필요합니다.

'우리 집은 식사할 때 스마트폰 안 보기'

이런 규칙을 정할 때는 아이에게 비판적이거나 꼬집는 말을 하지 않고 개방적인 대화를 하는 것이 원칙이죠. 스마트폰 사용 시 문제점을 스스로 생각해 보고 필요성을 느껴 정하도록 유도해야 합니다. 강제적이거나 동의를 구하지 못한 규칙은 아이가 스마트폰을 더 갈구하게 만들 수 있어요.

부모가 함께 규칙을 정했다면 같은 입장에서 식사 시간이나 여행 중 버스 안에서 스마트폰을 내려놓고 대화를 하고 꼭 사용할 일이 있다면 이유를 말해 주는 것이 좋아요. 그리고 밤에는 정해진 장소에서 아이들 스마트폰을 충전하는 것이 좋습니다.

둘째, 부모와 함께 재미있는 콘텐츠 즐기고 관련하여 대화하는 겁니다. 스마트폰을 통해 교육적 가치가 있는 콘텐츠를 부모와 아이가 함께 즐기는 시간을 갖는 것이 좋습니다. 부모와 아이가 함께 재미있는 과학 실험이나 맛있는 요리 유튜브 동영상을 보고 직접 해 본다거나, 언어 학습 앱을 사용하는 등의 활동은 아이가 스마트폰을 학습 도구로 인식하도록 도와줍니다. 게임만 하는 스마트폰이 아닌 긍정적인 측면을 가르치고, 부모와 자녀 간의 긍정적인 소통을 하게 만드는 효과가 있어요.

스마트폰으로 부모와 아이가 함께 콘텐츠를 접하고 어떤 점에서 좋았고 재미있었는지 대화를 하며 스마트폰 사용에 대한 모니터링을 하는 것이 필요합니다. 모니터링을 잘할 수 있는 방법으로 스마트폰 관리앱을 사용하면 좋아요. 스마트폰 관리앱은 자기 통제 수단이 되므로 일방적으로 금하는 인상을 주는 것이 아니라 아이와 협의하여 필요성을 느끼도록 해야 합니다.

"이 앱은 인터넷 상의 유해 사이트가 많은데 그것을 막아서 널 보호하는 기능을 가지고 있어. 그리고 네가 정해진 시간을 모르고 사용하는 것을 미리 알려 주는 기능도 있어."

자녀와 함께 사용한 내역과 시간 등을 같이 확인하고 어떤 내용으로 사용했는지 허용적인 분위기에서 이야기하면서 적절한 조언을 해 줄 수 있어야 합니다. 부모가 스마트폰 사용을 못 하게 막는다는 느낌보다 스마트폰의 좋지 않은 점으로부터 널 지키는 것이라는 것을 각인시켜야 합니다. 스마트폰 중독이 되지 않도록 예방하는 것이 부모의 역할입니다. 스마트폰을 어떻게 사용하고 어떤 앱을 얼마나 쓰는지 관심을 가지고 스마트폰에 빠지지 않도록 지켜봐 주는 노력을 해야 합니다. 이 과정에서 아이들은 스마트폰 사용에 대한 올바른 가치관을 형성할 수 있습니다.

셋째, 스마트폰 외에도 아이가 흥미를 가질 수 있는 다양한 활동을 제공합니다. 아이들이 스마트폰을 사용하는 시간을 줄이기 위해 가족과 함께하는 화분이나 정원 가꾸기, 요리하기, 미술 작품 만들기 등 창의적이고 신체 활동을 포함한 취미를 갖도록 도움을 주세요. 아이들이 손쉽게 디지털 화면으로 들어가는 것을 예방하기 위해서 실제 세계와 더 많이 상호작용하도록 도울 수 있어야 합니다. 특히 가족 보드게임은 가족 모두 스마트폰 사용에서 벗어나 협력, 전략 수립, 그리고 차례를 기다리는 인내심 등을 배울 수 있습니다. 아이들이 스마트폰 게임을 통해 느낄 수 있는 재미와 승리욕 등을 보드게임을 통해 충족하고 가족과의 유대감을 느낄 수 있습니다. 아이들은 스마트폰 없이도 즐거움을 느낄 수 있다는 것을 안다면 다양한 놀이 시간을 만들 수 있습니다.

다양한 작품 전시회, 음악회, 축구나 농구 같은 운동 경기, 도서관이나 서점 나들이, 과학관 전시나 체험 활동 등 가족이 다 같이 즐길 수 있는 외출을 하고 직접 무엇인가를 창작하는 활동을 많이 접하는 것이 좋습니다. 이러한 활동들은 아이들의 창의력과 문제 해결 능력을 키우는 데도 큰 도움이 되고 스마트폰에 심하게 의존하는 것을 줄여 줍니다.

아이들은 손쉽게 즐길 수 있는 대상이 거의 없어서 스마트폰으로 게임하고 노는 것이지 재미있고 즐거운 다양한 선택지가 많다면 아이들은 분명 부모와 함께 할 수 있는 시간을 먼저 고를 것입니다.

아이들은 처음 스마트폰을 대할 때, 올바르고 건강하게 사용하는 방법을 배우는 것이 중요합니다. 이를 위해 아이들이 디지털 환경에서 필요한 기술을 개발하고, 부모와 함께 스마트폰 사용에 대한 건설적인 대화를 나눌 수 있는 기반을 마련해야 합니다.

부모는 스마트폰 사용에 대한 긍정적인 모델이 되어야 하며, 자녀와의 소통을 통해 스마트폰 사용에 대한 건강한 습관을 장려해야 합니다. 또한, 부모는 기술의 발전을 따라가며 자녀가 사용하는 앱이나 게임에 대해 잘 알고 필요에 따라 사용 제한이나 모니터링 도구를 적절히 활용할 수 있어야 합니다.

부모는 아이들의 스마트폰 사용을 지도하면서, 짜증 내고 그럴 줄 알았다며 화를 내는 것이 아니라 자신의 행동에 대해 책임지고, 스마트폰 사용으로 인한 잠재적인 위험을 인식하며, 건강한 디지털 생활 습관을 형성하도록 이끌어 주어야 합니다. 따라서, 부모님과 자녀 사이의 신뢰와 소통이 필수적입니다.

부모는 자녀가 AI가 더욱 큰 역할을 하게 될 미래의 디지털 시대에 건강하게 성장할 수 있도록 미리 공부하고 함께 걸어가야 할 것입니다.

Teacher's diary

선생님,
내 아이 감정 읽어 주셨나요?

1학년 담임 중 있었던 일이다.

"우리 아이가 어떤 마음인지 물어보셨나요?"

가끔 아이 문제로 전화를 하면 나를 힘들게 하는 지우 어머니가 전화를 했다.

그날은 지우가 쉬는 시간에 현석이와 부딪쳐 큰 소리가 나게 싸웠다. 둘은 처음에 장난으로 서로의 몸을 밀고 당기다가 지우가 아프게 부딪쳤다. 화가 난 지우가 현석이한테 사과하라고 했다. 그러나 현석이는 너도 같이 밀었는데 왜 나만 사과를 해냐면서 둘은 팽팽하게 맞섰다.

교실이 시끄러워서 봤더니 둘이 언성을 높이며 싸우고 있었다. 얼른 나서서 각자 자신이 잘못한 점을 이야기해 보라고 했다. 아이들은 이럴 때 의외로 자기의 잘못을 잘 이야기하고 화해도 금방 한다.

지우는 장난으로 현석이에게 먼저 밀고 당기는 놀이를 시작한 것이라고 했다. 현석이는 지우보다 자기가 더 세게 민 것이라고 말했다. 서로 사과하고 사건을 종결했다. 그렇게 사건은 순조롭게 마무리되는 듯이 보였다. 그런데 오후에 지우 어머니로부터 전화가 왔다.

"지우한테 오늘 있었던 일 아세요?"

첫 말부터 따지는 말투에 차분히 자초지종을 설명했고 아이들이 모두 잘못을 인정하고 사과했다고 말했다. 전화기 너머로 싸한 분위기가 전해 왔다.

잠시 듣고만 있던 지우 어머니는 내가 세게 부딪쳐서 아프고 놀란 지우의 마음을 읽어 주지 않았다며 불편한 기색을 드러냈다. 이어서 지우의 마음은 헤아리지 않고 상대 아이 편만 들었다고 주장했다. 그 일을 당한 우리 지우가 얼마나 놀랐는지 물어보고 괜찮은지 살펴봤어야 했는데, 그러지 않은 선생님에게 불만이라고 했다.

학교에서 아이들의 다툼이 있을 때 교사들은 상황을 주시하고 신속하게 조치를 취한다. 이때 어느 쪽의 입장도 아닌 사실에 근거해 객관적인 입장을 취한다. 그리고 아이들 간의 문제는 대화로써 풀고 해결하도록 유도한다. 그렇다고 아이의 마음을 살피지 않는 것은 절대로 아니다. 울고 있거나 화를 내는데 그 아이들의 마음을 위로하거나 이유를 물어보는 일을 하지 않을 수 있겠는가. 모두에게 공정하게 마음을 살펴야 하는 교사의 말이 부모보다는 약한 것이 아이의 눈에 그렇게 보였나 보다 짐작할 뿐이다.

당연하게 부모들은 내 아이의 감정을 이해하고 더 많은 관심을 보인다. 하지만 학교 현장에서는 다툼이 있는 아이 모두 소중한 존재이기에 공정하게 해결하려고 한다. 그뿐만 아니라 항상 학부모와 협력하고 의견을 듣고자 노력하고 있다.

때로는 학부모의 지나친 감정 표현과 대응은 자녀에게 좋지 않을 수 있다. 부모의 불편함과 억울함, 거친 표현 등이 자녀에게 그대로 투영되기 때문이다. 아이는 비슷한 일이 또 일어난다면 상대편 친구나 교사에게 부모의 말과 행동을 흉내를 내게 된다. 엄마의 말투나 습관이 아이에게 비슷하게 나타나는 것은 흔한 일이기에 교사에게 민원성 전화를 할 때는 정중하고 아이가 모르게 하는 것이 좋다.

학교에 강력한 항의를 보내는 것은 자녀에게 학교생활을 자유롭지 못하게 만드는 압박이 될 수도 있고 친구 관계를 울퉁불퉁하게 만들 수 있다. 교사를 믿지 못하는 부모의 영향으로 아이가 교사를 신뢰하지 못할 수도 있다.

아이들은 여러 가지 갈등과 문제를 경험하면서 자신을 발전시키며 감정적 지성과 문제 해결 능력을 키우게 된다. 부모는 아이들을 많은 면에서 지원하고 안전을 보장하고자 노력하지만, 때로는 자녀의 성장을 위해 좋지 못한 경험을 허용하고 공감하는 것이 중요하다.

교육학자 존 듀이(John Dewey)는 의사소통의 중요성에 대하여 다음과 같이 말했다.

"효과적인 의사소통은 공동체의 창조에 필수적이며, 이를 통해 개인과 사회가 발전한다."

부모와 교사 사이에서도 효과적인 의사소통이 필요하다. 교사는 학생의 상황을 직접 경험하며 관찰하고, 부모는 가정에서의 모습과 감정을 알고 있다. 따라서 양측 모두 서로의 관점을 이해하려는 노력이 필요하다.

지우 어머니는 지우의 감정과 어머니의 감정을 교사에게 전달하려고 했다. 나는 교사로서 지우의 상황을 객관적으로 어머니에게 설명하려 했다. 두 관점이 다를 수 있지만, 중요한 것은 서로의 관점을 존중하고 이해하려는 노력이다. 듀이의 말처럼, 효과적인 의사소통은 양측의 관점을 이해하고 서로의 차이점을 존중하는 데에서 시작되기 때문이다. 일방적인 불평과 불신, 항의 전화보다는 궁금한 점을 묻고 어머니의 마음을 부드럽게 전하는 전화가 더 좋은 것은 말할 필요도 없다.

학부모와 교사의 올바른 소통은 아이의 자립과 학습 과정을 도울 수 있다. 학부모와 교사의 협력은 아이의 성공을 위한 중요한 요소이며, 서로의 입장을 이해하고 공감하며 협력하면서 더 나은 교육 경험을 만들어 나갈 수 있을 것이다.

학교는 쌍방 소통이 되어야 하며 일방적인 민원을 들어 주는 기관이 아니다. 택배가 잘못 오거나 깨어져 와서 바꾸어 달라, 어떻게 이런 것을 보낼 수 있느냐 말하는 것과 내 아이의 성장을 위한 이야기를 어떻게 같은 패턴으로 말할 수 있겠는가.

세상의 모든 존재는 소중하며 세상이 안전하려면 모든 존재들의 가치를 공정하고 공평하게 지켜 주어야 한다.

내 아이가 소중하다면 다른 아이, 교사도 소중하다.

현명한 부모로서 이 점을 생각하면 좋겠다.

3장

초등학교 공부는 이렇게 해요

공부 의욕 촉진, 아이의 학습 동기부여법

공부는 엉덩이 힘으로 한다는 말 들어 보셨나요? 맞기도 틀리기도 한 말이라 생각합니다. 공부는 학문이나 기술을 배우고 익히는 것이라고 국어 사전에 나와 있어요. 주로 관심 분야에 대한 책을 읽고, 조사하고 부족한 점을 더 찾는 과정을 통해 주제를 배우고 이해하는 행위로 정의될 수 있습니다.

이제 공부를 시작하는 저학년 학생들에게 필요한 능력과 자세는 부모들이 꼭 알고 싶은 것입니다. 그러면서 부모로서 지원하며 실천하도록 돕는 것은 어려운 일이기도 합니다. 부모들은 꾸준히 관심을 가지면서 아이들의 공부에 대한 관점을 만들어갈 필요가 있습니다. 저절로 되는 것도 있지만 부모의 은근한 의도가 녹아야 우리 아이의 스스로 공부하는 자세가 만들어집니다.

학교에서 공부하는 목표 및 동기를 구체적으로 만들기

"도대체 학교는 왜 다니는 거야? 학원만 다녀도 되는 거 아냐?"

이런 소리를 하는 아이가 학교에서 집중하고 학습 동기가 생기기 쉬울까요? 공부의 기본이 학교에서 이루어지고 있으므로 학원보다 학교에 더 집중할 수 있도록 부모의 인식이 바뀌어야 합니다. 학원 성적은 좋은데 학교 성적이 낮게 나온 중, 고등학생을 공부 잘하는 학생이라고 하지 않습니다.

현재 아이들 중에서 학원이 우선시 되어 마지막 시간인 5교시가 늦게 끝나면 학원에 늦다면서 짜증을 내는 아이가 많아요. 자기 자리 청소는 고사하고 책상 정리도 하지 않고 총알처럼 사라지는 경우가 허다합니다. 심지어 학원에 가야 한다고 1학기 내내 조퇴하는 아이도 있습니다. 왜 학교를 다니는 것인지 부모들은 생각해 보아야 합니다.

학교를 왜 다니는지, 왜 공부를 하는지 분명히 알고 있는 아이는 목표 의식을 가지고 있으며 학습 동기부여가 잘 되어 공부를 즐거워합니다. 그러므로 부모가 학교 친화적인 자세(학교에 긍정적인 시선)로 학교에서 공부하는 구체적인 이유를 아이와 함께 생각해 보는 것이 좋습니다.

또, 공부에 흥미가 생기지 않으면 무의미한 시간이 되기 때문에 아이에게 흥미가 생길 수 있는 활동이나 스토리텔링을 미리 하면 좋아요. 이것은 단순한 예습이나 빠른 선행학습을 뜻하는 것이 아닙니다.

수학의 연산이 어려운 자녀에게 가족들과 보드게임 형식으로 놀이를 하면서 흥미 유발을 하거나, 박물관이나 과학관을 직접 가서 교과서에 나오는 학습 내용을 실제로 경험하게 하면 흥미를 갖고 공부에 집중하게 만들 수 있어요. 부모는 학교에서 보내주는 주간학습 안내를 살펴보거나 교과서를 미리 보면서 자녀의 흥미를 끄는 놀이나 체험을 계획하면 정말 좋습니다.

자기 주도적 학습을 가능하게 하는 메타인지 능력 기르기

눈에 보이지 않지만 중요한 메타인지는 '자신의 학습, 기억, 사고를 관리하는 능력'을 말합니다. 학습과 문제 해결 과정에서 자기 인식, 자기 조절, 그리고 자기 성찰을 포함하는 인지 과정을 의미하지요. 이는 자신이 어떻게 학습하는지를 깨닫고, 필요한 학습 전략을 선택 및 적용하는 데 도움이 됩니다. 메타인지는 학생들이 자신의 사고를 인지하고, 학습 과정을 평가 및 조절하는 데 중요합니다.

메타인지 능력은 다양한 활동을 통해 기를 수 있어요. 책을 읽거나 공부를 잘하면 메타인지가 어느 정도 형성되기도 하지만 꾸준한 연습이 중요합니다.

우선 자기 생각 과정, 감정, 강점 및 약점을 이해하는 것이 중요합니다. 아이들에게 자기가 좋아하는 것을 쓰라고 하면 한참을 생각만 하다 교사가 제시하는 발문으로 겨우 한두 개를 씁니다. 나를 알고 내가 알고 있는 것과 모르는 것을 정확히 파악해야 합니다.

"오늘 기분은 어때? 토끼를 그리고 있었네. 토끼가 뛰는 모습을 잘 그렸다."

기분이나 좋아하는 것을 자주 이야기 나누고 아이가 생각하는 것과 자신의 감정에 대해 생각해 보게 하면서 칭찬을 구체적으로 해 보세요. 쉬운 질문으로 관심 있게 이야기를 나누면서 나를 파악하고 생각하는 것이 공부에서 제일 중요합니다.

너무 어려운 과제나 장시간 공부를 하는 것은 좋지 않습니다. 그냥 끌려다니는 공부를 하는 아이는 메타인지가 만들어지기 어렵습니다.

공부를 하기 전에 오늘은 내 능력에 맞게 어떤 공부를 얼마의 시간 동안 할지 배정하는 것은 메타인지를 만드는 과정에 필요합니다.

지금 당장은 어렵지만 점차 학년이 올라갈수록 공부 도중에 학습 과제를 해결할 수 있는 자신의 이해도를 평가하고 약점을 부모와 함께 찾고 모니터링을 합니다. 학습 과정에서 메타인지 전략을 활용하여 적극적인 독서, 요약하기, 검토하기, 수정하기를 한다면 더 좋습니다.

이러한 메타인지 능력 기르기는 학업 성적을 향상시키고, 자기 주도적 학습을 강화하며, 문제 해결 및 비판적 사고 능력을 증진시키는 데 도움이 됩니다.

집중할 수 있는 환경을 만들기

메타인지 향상을 위해서는 집중할 수 있는 학습 환경이 필요합니다. 이를 만들기 위해서는 물리적 요소, 정신적 요소를 고려해야 합니다.

집중을 할 수 있는 물리적 요소로 적절한 조명, 편안한 좌석, 책상의 높이, 그리고 적당한 온도 등이 학습 환경에 중요합니다. 자연광을 활용하거나 적절한 인공조명을 사용하여 눈의 피로를 줄이고, 작업 공간을 깨끗하고 정리 정돈된 상태로 유지하면 좋습니다. 또한, 적절한 인체공학적 가구를 사용하여 장시간 앉아 있어도 편안함을 느낄 수 있으면 더욱 좋습니다.

아이의 방을 따로 준비하기 어려운 경우에는 어머니의 시선이 잘 머물 수 있는 공간인 식탁을 활용하는 경우가 많아요. 하지만 식탁은 많은 조리도구와 그릇, 음식류가 왔다갔다 하는 공간이라서 아이의 집중력을 떨어지게 만듭니다. 거실을 활용해 공부하는 분위기의 책상이나 공간을 따로 마련해 주면 좋습니다. 부모의 눈이 잘 닿고 금방 물어볼 수 있는 공간이 제일 좋습니다. 입학 초기에는 거실에서 공부를 하고 책을 읽는 것이 더 효과적일 수 있습니다. 학교가 익숙해지면 점차 책상에 앉아 집중하는 능력이 발달할 것입니다.

물리적 환경 중 제일 중요한 것은 스마트폰의 구입을 최대한 미루는 것입니다. 스마트폰을 사 주는 순간 아이와의 전쟁이 시작되는 신호탄이 울린 것이나 마찬가지입니다. 스마트폰이 좋은 점은 분명 있지만 좋지 않은 영향 중 집중력을 떨어뜨린다는 것은 모든 전문가들이 언급하는 것입니다. 꼭 사 주어야 만하는 사정이 있다면 스마트폰 사용에 관한 약속을 같이 만들고 예외 없이 지켜나가는 것이 1학년에게 꼭 필요합니다. 한 번 봐 주기 시작하면 스마트폰의 사용을 부모가 제어할 수가 없게 됩니다.

정신적 요소는 충분한 수면과 긍정적인 학습 마인드셋을 가지고 스트레스를 관리하는 것입니다. 목표를 설정하고, 학습 계획을 세우며, 규칙적으로 잠을 자거나 휴식을 취하는 것이 좋습니다. 또한, 자신의 진행 상황을 반성하고 조정하는 것도 중요합니다. 이를 통해 스스로 학습 과정을 관리하고, 더욱 효율적으로 학습할 수 있습니다.

이러한 요소들을 종합적으로 고려하여 집중할 수 있는 학습 환경을 조성하면 학습 동기가 향상되고 공부를 잘하는 학생이 될 수 있습니다.

상상해 보세요. 아이는 왜 공부를 해야 하는지 알기에 학교 수업에 집중합니다. 집에 돌아와서 집중할 수 있는 공부 공간에서 학교 공부 중 모르는 것만 골라 공부합니다. 내가 아는 것과 모르는 것을 알면 혼자 공부할 때 모르는 것만 공부하면 되니까 시간이 적게 들어서 놀 수 있는 시간이 생깁니다. 스스로 공부하는 자세로 알고 모르는 것을 파악하는 과정에서 메타인지가 발전합니다. 그 메타인지는 국어의 독해 활동이나 독서할 때 아이의 세상을 넓혀주는 역할을 합니다. 이는 시험에서 높은 점수를 얻거나 창의적이고 사고력 있는 발표나 결과물을 만들 것입니다. 이 아이는 분명 주목받는 아이가 될 것입니다. 그런 아이가 바로 우리 아이라면 좋겠지요.

공부 관심없는 아이 자기주도적 학습법

"애가 좀 알아서 공부하면 안 되나요?"

3학년 보경이 어머니의 포기에 가까운 자조적인 말입니다. 공부를 시키려니 지친다면서 만사 다 내려놓고 싶지만, 아이의 장래를 생각하니 어쩔 수 없이 닦달해야 하는 패턴에 힘들어 나온 말입니다.

현재, 우리 사회는 대학 진학 및 전문직 선호 문화의 영향을 받아 학교와 학원에서 아이들이 무척이나 열심히 공부하고 있습니다. 그 결과로 학생, 학부모 모두 힘들고, 무엇보다도 공부만 하는 것에 지친 상황입니다. 이러한 현상이 계속되면 우리는 새로운 시대의 도래와 함께 직면할 수 있는 인공지능의 부상에 대비하지 못할 수 있습니다.

인공지능 기술은 매년 더욱 발전하고 있으며, 미래에는 우리의 삶에 혁명적인 영향을 미칠 것으로 예상됩니다. 이러한 변화가 우리 사회의 일상생활, 직업, 그리고 경제에 미치는 영향은 이미 시작되었으며, 그 영향은 앞으로 더욱 커질 것입니다. 만약 우리가 학교와 학원에서 공부만 하는 전통적인 교육 모델을 고수한다면, 우리는 인공지능이 주도하는 삶을 받아들여야 할지도 모릅니다.

따라서, 우리는 교육의 목표와 방향을 다시 생각해야 할 때입니다. 현재의 교육 시스템이 학생들을 어떻게 준비시키는지, 그리고 그중에서도 인간적인 특기와 창의성을 어떻게 발전시키는지를 고민해야 합니다. 우리의 선택은 우리 미래와 다음 세대의 미래를 결정할 것입니다. 그동안 우리가 추구해 온 대학 진학과 전문직만이 미래를 보장하지는 않을 수도 있기 때문에, 진정한 자기주도적 학습을 위해 우리의 학습 방법을 재고할 필요가 있습니다.

자기주도적 학습은 학습자가 스스로 목표를 설정하고, 학습 과정을 계획하며, 자료를 탐색하고, 결과를 평가하며, 문제를 해결하는 과정을 말합니다. 이는 학습자의 책임감, 독립성, 창의성, 비판적 사고력, 문제 해결 능력, 그리고 협력 능력을 키워주는 효과적인 학습 방법입니다. 높은 학습 효과와 함께 자신감과 만족감을 높여 주어 미래형 인재 양성에 적합한 방식으로 주목 받고 있습니다.

자기주도적 학습의 주요 특징으로는 자율성, 자기 동기부여, 그리고 자신의 교육에 대한 주인의식 등이 있습니다. 즉, 자기주도적 학습은 아이들이 스스로 삶의 문제를 해결하고, 다양한 학습 방법을 개발하며, 실제 공부 상황을 관리하는 데 필요한 기술과 자질을 키우도록 돕는 교육 방식입니다. 이는 단순히 지식을 전달하는 것이 아니라, 스스로 지식을 찾고 만드는 능력을 기르는 것에 중점을 둡니다.

자기주도적 학습을 통해 아이들은 자신이 선택한 학습에 더 큰 흥미를 느끼고 즐겁게 공부할 수 있습니다. 또한, 이러한 학습 방식이 중, 고등학교까지 이어질 경우, 자신의 진로를 더 쉽게 개척할 수 있는 장점이 있습니다.

자기주도적 학습을 위해 아이는 목표를 스스로 정하고 학습 계획을 세우고 실천을 한 후 평가하는 4단계를 거치게 됩니다. 자기주도적 학습을 위한 4단계 프로세스는 다음과 같습니다.

1단계 목표를 설정하여 어떤 공부나 활동할지 정하기

자기주도 학습 여정을 시작하려면 명확하고 달성 가능한 목표를 설정해야 합니다. 무엇을 배우고 싶은지, 왜 그것이 중요한지 생각하여 목적의식과 방향성을 가지는 것이 좋습니다. 그렇지 않으면 무엇을 배워야 할지 모르고 배우고 싶은 것이 많아 문제가 생길 수 있습니다. 충분한 대화를 통해 자녀와 목표를 간단하게 만들어 봅니다. 자녀의 열망과 관심사에 대해 대화를 나누어 보는 것이 필요합니다. 자녀가 스스로 학습 목표를 설정하도록 격려하고 이를 달성하는 방법에 대해 자주 이야기를 나누고 방향을 설정하도록 돕습니다. 예시 대화는 고학년입니다.

"잘 다녀왔어? 오늘 학교는 어땠어?"

"다녀왔습니다. 학교는 괜찮았어요. 그런데 미래에 대해 좀 고민하고 있어요."

"그렇구나. 미래에 대해 어떤 점이 고민이야?"

"제가 어릴 때부터 노래를 잘 불렀잖아요. 노래도 부르고 작곡도 하고 싶어요."

"그건 정말 멋진 꿈이야! 음악가가 되려면 어떻게 해야 할까?"

"나름대로 연습하고 노력해서 음악에 대한 지식을 쌓고 싶어요."

"훌륭한 목표야. 그럼 엄마가 어떻게 도와줄 수 있을까?"

"좀 더 전문적인 음악 교육을 받고 싶어요. 그리고 노래도 많이 불러 보고 싶어요."

"좋아, 음악 교육을 받을 수 있는 학원이나 강의를 찾아보자."

"좋아요! 일단 혼자서 노래 연습 많이 해 볼게요."

이렇게 부모와 자녀가 자녀의 꿈과 목표에 대한 대화를 나누면, 자녀는 미래에 대한 비전을 개발하고 목표를 설정하는 방법을 배울 수 있습니다. 부모의 지원과 이끔 아래에서, 자녀는 스스로 학습 목표를 설정하고 그에 따라 행동할 자신감을 키울 것입니다.

2단계 학습 계획을 스스로 세우고 부족한 부분 도전하기

수학이 어려운 보경이는 '대분수와 가분수 바꾸기' 같은 구체적인 목표를 세우고, 보경이가 사용할 수 있는 교재, 온라인 자료, 앱 등을 알아보고 정리하도록 어머니가 도움을 주었습니다. 또 학습 목표를 달성하기 위해 얼마나 많은 시간을 투자할지 결정하도록 했습니다.

'매일 30분 문제집을 풀며 공부를 하고 주 2회 온라인 강의를 듣기' 같이 자녀의 수준에 맞는 시간 배당을 하면 됩니다. 시간 배당 후에는 주간 및 월간 계획표를 자녀와 함께 만들고 정기적으로 학습 진행 상황을 점검하고 잘 되지 않은 부분은 시간을 다시 조정하도록 합니다.

이때 부모는 학습 계획을 세우는 데 도움을 주되 자녀가 주인의식을 갖도록 격려하면 미래에 필요한 자립성을 키울 수 있을 것입니다. 또 자녀가 스스로 학습 계획을 세우고 실행하려면 시간 관리와 계획 기술이 필수적입니다.

부모는 저학년부터 시작하여 자녀에게 이러한 기술을 가르쳐야 자녀는 시간을 효율적으로 활용하고 목표를 달성하는 방법을 배울 수 있습니다. 그러기 위해서 아이를 기다려 주는 등 지도자와 지원자로서 부모의 역할이 중요합니다. 자녀가 스스로 계획을 세우고 실행하도록 돕는 과정에서 비난과 부정적인 압박은 피해야 합니다. 자녀가 실패하더라도 그들을 격려하고, 더 나은 방향으로 나아갈 수 있는 기회를 제공해야 도전하고 실패를 극복하는 힘을 키울 수 있습니다.

3단계 과목별 실용적인 학습 실천하기

학교나 학원에서 배우는 것에서 끝나는 것이 아닌 스스로 더 발전할 방법을 깨닫고 찾아봅니다.

언어 학습은 일상 대화에서 배운 어휘를 적극적으로 사용하도록 어휘를 기록하는 나만의 어휘장을 만들면 좋습니다. 작은 수첩에 오늘 처음 알게 된 낱말을 쓰고 간단하게 뜻을 쓰는 방식입니다. 어휘 암기 앱을 사용하거나 국어와 영어로 된 그림책을 동시에 읽는 방법, 실제 언어 경험을 쌓도록 영어 대화를 연습하는 방법을 사용하면 좋습니다. 신문 기사나 그림책을 읽고 말로 요약하고 글쓰기 능력이 좋아지면 요약해 쓰기를 하도록 지도해 주세요. 그림일기를 시작으로 글쓰기 능력을 향상할 수 있도록 꾸준히 관심을 가져 주세요.

수학 및 과학 분야는 자녀가 스스로 문제를 해결하며 학습하고, 실생활 문제에 수학적 개념을 적용하는 방법을 탐색하도록 하면 됩니다. 요리할 때 개수를 세거나 똑같이 재료 나누기 같이 일상생활에서 수학 개념 적용하기, 수학퍼즐이나 게임 즐기기, 간단한 과학 실험 하기, 과학 다큐멘터리 시청하기, 과학 관련 전시회나 박물관 방문하기 등 1학년부터 꾸준하게 준비하는 것이 좋습니다. 막히는 부분은 살짝 도와주고 문제를 끝까지 해결하는 끈기를 길러 주는 것이 필요합니다. 모른다고 바로 선생님이나 엄마를 찾는 것이 아니라 어렵지만 스스로 풀고자 하는 자세가 중요합니다.

사회 과학 분야에서 아이가 다양한 관점을 고려하여 마인드맵을 만들게 하여, 사회적 상황과 환경에 대한 이해를 깊게 만들어 보세요. 처음에는 부모와 같이 마인드맵을 만들고 차츰 혼자서 만들면 됩니다. 어휘력을 늘리는 데 도움이 되고 고학년이 되면 사회적 이슈나 역사적 사건에 대한 자신의 생각과 정보를 마인드맵 형식으로 정리하게 합니다. 뉴스 시청 후 밥상머리(식사 시간) 토론하기는 부모와 공동 소재로 이야기를 나누는 시간을 만들 수 있습니다. 부모와 사회에 대한 시각을 나누면 비판적 사고력이 향상되고 의사소통 능력이 강화될 것입니다.

그외 학년이 올라가면 지역 사회 봉사활동 참여하기, 교과서에 나오는 국립중앙박물관 같은 역사적 유물을 전시한 박물관이나 유적지를 방문하고 간단한 보고서 작성하기 등을 진행하면 크게 도움이 될 것입니다.

예술과 창의적 주제에 대한 학생들의 자체 프로젝트를 기획하고 실행하도록 격려하며, 이를 통해 창의성과 자기표현 능력을 발전시켜 나갑니다. 좋아하는 곡 악기로 연주하기, 콘서트나 음악회 관람 후 감상문 쓰기, 다양한 장르의 음악 듣는 시간을 가집니다.

미술은 유치원부터 일상 풍경이나 있었던 일을 자주 그려 보고 클레이, 종이, 상자, 수수깡, 레고, 자석 블록 등 다양한 재료로 동물이나 우주선 같이 흥미 있는 것을 만들어 보는 시간을 자주 가지도록 도와주세요. 한글을 익히고 수학을 열심히 하는 것 못지 않게 중요한 자기표현 능력을 기를 수 있습니다. 또 미술관 방문 후 인상 깊은 작품 모사하기, 사진 촬영으로 구도와 색감 연습하기 등 학년이 올라가면서 수준에 맞는 경험을 하면 좋습니다.

4단계 평가 및 검토를 하며 되돌아보기

자녀와 정기적으로 진행 상황을 검토하여 무엇을 배웠는지 함께 따져 봅니다. 자기주도적 학습을 하기 위해 무엇이 효과적이었는지, 어디를 개선할 수 있는지 꼭 생각해 보고 다음에 반영해야 합니다. 자기 평가는 지속적인 성장을 위해 매우 중요합니다.

자기주도 학습이 성공하려면 부모는 자녀가 스스로 계획을 세우고 실행할 수 있도록 도와야 합니다. 또한, 자녀의 성취와 실패에 공감하고 격려하며 정서적 지원을 제공해야 합니다.

자기주도 학습은 개인이 자신의 교육을 통제하고, 변화에 적응하며, 열정을 추구할 수 있게 해 주는 귀중한 기술입니다.

4단계 프로세스를 정확하게 지킬 필요는 없지만 목표를 지향하는 흐름 속에서 학부모의 지원을 받으면 자녀는 자기주도 학습 여정에서 좋은 성과를 거둘 수 있습니다. 과목별 과제와 지속적인 자기 평가를 통해 개인적, 직업적 성장을 위한 평생의 노력을 지속해야 할 것입니다.

책 읽기 즐거움으로 문해력 높은 아이로

사람의 뇌 피질에는 신체에 대한 지시를 하는 뇌 세포의 대부분이 포함되어 있는 회백질과, 뇌세포와 나머지 신경계 사이의 연결을 형성하는 백질이 있습니다. 연구에 따르면, 백질의 부피, 두께, 밀도 등은 학습과 행동에 필요한 정보 처리 속도와 효율을 결정하는 중요한 요소입니다. 특히, 부모의 교육 수준이나 소득 수준이 낮을수록 백질의 발달이 저해되어 아이들의 지능과 주의 집중력에 부정적인 영향을 미칠 수 있다는 연구 결과가 있습니다.

또한, 아이들의 뇌 발달에 있어 다양한 경험이 중요하다는 점이 강조되고 있습니다. 예를 들어, 책 읽기가 아이의 언어 능력과 인지 발달에 긍정적인 영향을 미친다는 연구 결과가 많이 있습니다. 유아기 아이들에게 책을 자주 읽어 주는 경우, 뇌의 백질이 증가하는 경향이 있다는 연구도 존재합니다. 반면, 텔레비전이나 태블릿, 스마트폰과 같은 화면을 하루 평균 2시간 이상 사용하게 되면, 뇌의 백질 발달이 저해될 수 있다는 연구 결과도 있습니다. 이러한 경향은 아이의 주의력과 학습 능력에 부정적인 영향을 미칠 수 있습니다.

우리는 아이들의 뇌세포를 발달시키는 방법에 대해 잘 알고 있지만, 실천하다가 중도에 포기하는 경우가 많습니다. 예를 들어, 피아노나 운동을 배울 때 나이가 어릴수록 더 빨리 배우고 오래 기억에 남는다는 사실은 많은 사람들이 경험적으로 알고 있습니다. 이러한 이유로 많은 부모가 자녀에게 조기 교육하고자 노력합니다. 그러나 뇌의 가소성에 따르면, 조금 늦게 배운다고 해서 회복되지 않는 것은 아닙니다.

이러한 사실을 바탕으로, 아이들에게 책 읽기의 중요성을 강조하는 것이 필요합니다. 부모가 자녀에게 책을 읽어 주고, 다양한 경험을 통해 언어 능력과 인지 능력을 키울 수 있도록 지원하는 것은 아이의 뇌 발달에 긍정적인 영향을 미칠 것입니다. 부모의 역할이 아이의 뇌 발달에 미치는 영향을 인식하고, 적극적으로 참여하는 것이 중요합니다.

낫 놓고 낫 모르는 현실

우리나라 아이들은 현재 어떨까요? 분명 아이들이 책을 읽어야 한다는 것은 알고 있지만 실행할 시간 부족하다는 핑계와 영어나 수학 등 사교육에 집중해 방향 설정의 오류로 어려움을 겪고 있습니다.

"여러분, '낫 놓고 기역 자도 모른다.'라는 속담을 알아요?"

"낫이 뭐예요?"

"속담이 무엇인가요?"

이때는 구글 이미지 검색이 등장하여 낫 사진을 쭉 보여 주고 속담을 설명해 줍니다. 이런 수업은 늘상 있는 일이라 구글 검색이나 유튜브 검색을 자주 활용하고 도서관에서 필요한 책을 미리 가져다 놓는 준비를 합니다.

책을 읽거나 수업 시간에 어떤 낱말의 뜻을 몰라 공부가 어려운 상황은 독서를 통해 쌓은 배경지식이 부족하고 문해력이 낮은 것입니다. 문해력이 높으면 독서나 학습할 때 아이가 받아들이는 정보의 양이 많고 질이 높으며 누적되는 속도도 빠를 것이므로 저학년이 꼭 염두에 두어야 할 부분입니다.

문해력(literacy)은 단순히 글을 읽고 쓸 수 있는 능력을 넘어서는 광범위한 개념입니다. 전문가들은 문해력을 언어, 문자, 숫자, 그리고 디지털 정보를 이해하고 사용하여 의사소통을 하고, 지식을 습득하며, 문제를 해결하는 능력으로 정의합니다. 예를 들어, 일상생활에서 필요한 안내문이나 설명서를 읽고 이해하는 것은 물론, 직장에서 이메일이나 보고서를 작성하는 능력도 문해력에 포함됩니다.

문해력은 단순히 인쇄된 텍스트를 읽고 쓰는 능력뿐만 아니라, 다양한 형태의 의사소통 방식을 포함합니다. 예를 들어, 그래프나 차트와 같은 시각적 정보를 이해하고 활용하는 능력, 또는 디지털 기기와 소프트웨어를 사용하여 정보를 찾고 공유하는 능력도 문해력의 일부입니다. 이러한 능력들은 현대 사회에서 성공적으로 기능하고 참여하는 데 필수적입니다.

문해력 향상을 위해서는 다양한 노력이 필요합니다. 부모와 교육자는 아이들에게 책을 읽어 주고, 다양한 언어 활동을 제공함으로써 초기 문해력 발달을 지원할 수 있습니다. 학교에서는 체계적인 읽기, 쓰기, 말하기 교육을 통해 문해력을 향상시키고, 디지털 기술 교육도 병행해야 합니다. 또한 평생 학습을 통해 새로운 정보와 기술을 습득하는 것도 중요합니다.

문해력은 단순한 기술 이상의 것으로, 개인의 성공과 사회 참여에 필수적인 능력입니다. 따라서 우리 모두가 문해력 향상을 위해 노력해야 하며, 이를 통해 더 나은 미래를 만들어 나갈 수 있습니다.

초등학교 저학년의 어린이들에게 있어 문해력은 단순히 글자를 읽고 쓰는 능력을 넘어서는 중요한 발달 과정인 것입니다.

읽기는 어떻게 해야 할까?

입학 전부터 초등 저학년 때까지 책을 읽는다는 것은 모두 아이가 직접 읽는 것을 의미하지 않습니다. 부모가 다정하고 안정된 분위기에서 책을 읽어 주어야 합니다. 허용적인 부모의 책 읽는 소리를 들으면 아이의 뇌는 더욱 빨리 발달하며 어휘력을 늘리고 책 읽기를 즐겁고 긍정적으로 생각할 수 있어요.

자녀의 문해력 발달을 위해 부모들은 읽기와 쓰기의 복잡하고 상호작용적인 과정을 자연스럽게 습득하도록 도울 수 있어야 합니다. 1학년 아이들은 자신들이 관심 있는 주제에 대해 읽고, 그것에 대해 이야기하고, 글을 쓰는 과정을 일상생활 속에서 자연스럽게 익히면 좋습니다. 이웃과의 생활과 관련된 책 읽기 후에 장보기 목록을 작성하거나, 가족 관련 독서 후에 가족 행사에 대한 초대장을 만드는 것 등이 있습니다.

어린이들에게 책을 읽는 것은 상상력을 자극하고 언어 능력을 향상하는 중요한 활동입니다. 어머니들은 매일 정해진 시간에 독서 시간을 가지게 하고 단순히 책을 읽어 주는 것이 아니라, 읽는 동안 어린이가 책 속의 글자들과 상호작용하도록 돕는 역할을 해야 합니다. 부모가 이야기 속 등장인물의 감정이나 행동에 대해 질문하거나, 이야기가 끝난 후 어린이가 스스로 이야기를 재구성해 보도록 도와주는 것이죠.

또 디지털 화면을 너무 오래 보지 않도록 조정하는 것도 필요합니다. 유아기와 저학년 시기는 부모가 읽는 소리를 듣고 문해력을 키워나가는 시기이기 때문입니다.

아이에게 책을 읽어 주는 것은 언어 발달과 문해력 향상에 매우 중요한 활동입니다. 다음은 효과적인 책 읽어 주기 방법에 대한 구체적인 제안입니다.

첫째, 아이와 함께 책을 읽을 때 음운 인식의 중요성을 강조해야 합니다. 음운 인식이란 말소리를 인식하고, 생각하며, 조작할 수 있는 능력을 말합니다. 책을 읽을 때, 단어 속 개별 소리에 주목하고 이러한 소리가 어떻게 단어를 형성하는지 탐색해 보세요.

예를 들어, 다음과 같은 질문을 통해 아이와 대화를 나눌 수 있습니다.

"엄마는 어떤 소리가 합쳐진 거야?"

"'엄'자와 '마'자가 합쳐진 거예요."

"그럼 바다, 배, 곰 중에서 다른 시작 소리는 뭘까?"

"음… 바다는 ㅂ, 배도 ㅂ, 그런데 곰은 ㄱ이니까 곰이요."

이런 음운 조직 활동은 놀이 또는 퀴즈 형식으로 진행하며, 책을 읽고 난 후에 해당 책에 나오는 낱말을 활용하면 좋습니다. 책을 읽고 그냥 끝내는 것이 아니라, 소리를 구분해 보는 것이 중요합니다.

둘째, 아이에게 책을 읽으며 만나는 새로운 단어의 소리를 들고, 그 소리와 연관된 글자를 함께 찾아보세요. 한글 자음책을 만들거나 자석 글자를 사용해 단어를 만드는 활동을 통해 소리와 글자의 관계를 이해할 수 있도록 도와줄 수 있습니다. 또한, 단어 카드를 만들어 집안에 붙이는 것도 좋은 방법입니다.

예를 들어, 자석 글자를 사용해 새로운 단어를 만들거나, 단어의 소리를 바꿔 새로운 단어를 만드는 게임을 진행할 수 있습니다.

"좀 전에 책을 읽고 만든 자석 글자들이 있어. 우리 이걸로 새로운 단어를 만들어 볼까?"

"네! 어떻게 만들어요?"

"먼저 '사'와 '랑' 글자를 붙여 볼까? 무슨 단어가 될까?"

"'사랑'이 되었어요!"

"정말 잘했어! 이번에는 '사'는 그대로 두고 다른 글자를 붙여서 단어를 만들어 보자. '랑' 자를 다른 글자로 바꾸어 볼래?"

"음,'탕'이 들어가면 '사탕'이 돼요!"

이런 과정을 통해 어휘력을 늘리고 배경지식을 쌓을 수 있으며, 한글을 보다 정확하게 읽고 활용할 수 있습니다.

셋째, 읽기와 다시 읽기를 통한 연습도 효과적입니다. 부모가 읽는 것을 들은 후, 아이가 책을 소리내어 읽는 방법으로 새로운 부분을 읽는 것도 좋지만, 같은 부분을 여러 번 반복해서 읽으면 더욱 효과적입니다. 이때 아이가 읽지 못해 머뭇거리는 모습을 보인다면, 옆에서 얼른 읽어 주는 것은 피하고 기다려 줄 필요가 있습니다. 자신이 없는데 도움을 주는 것에 익숙해지면, 모르는 글자를 봤을 때 읽으려는 노력을 하지 않게 될 수 있습니다. 충분한 고민 후에 질문하면 친절하게 알려 주세요. "아까 읽어 줬잖아. 그새 그걸 까먹어?"와 같은 핀잔은 피하고, 아이의 읽기 정확성을 모니터링하면 새로운 단어를 익히는 데 도움을 줄 수 있습니다.

넷째, 아이에게 지식의 확장, 사고력과 문해력의 향상, 창의력과 상상력의 자극, 그리고 공감 능력의 증진을 위한 다양한 분야의 책을 읽을 기회를 만들어 주세요. 예를 들어, 옛날이야기나 재미있는 이야기, 사회 속 의사소통, 우리나라 역사, 수학적 문제 해석, 일상생활 속 과학적 주제, 영어 그림책 등을 통해 다양한 지식을 습득할 수 있습니다.

다양한 분야의 책을 읽음으로써 아이는 지식의 폭을 넓히고 새로운 관심사를 발견할 수 있습니다. 역사 만화책을 통해 과거의 중요한 사건들을 배우고, 과학책을 통해 우주나 생명의 비밀을 탐구하며, 문학작품을 통해 인간 심리와 사회의 다양한 측면을 이해할 수 있습니다.

이러한 방법들을 통해 아이의 언어 능력과 문해력을 효과적으로 향상할 수 있습니다.

1학년의 책 읽기는 부모가 따뜻하게 읽어 주고 소리와 글자로 놀아 주는 시간이 되어야 좋습니다. 부모의 무릎에서 마음껏 뒹굴면서 즐거운 놀이 같이 책을 읽은 아이는 분명 어휘력이 풍부하고 내용을 잘 이해하는 학생으로 자라날 것입니다.

교육과정 개편에 따른 우리 아이 공부법

2022 개정교육과정의 비전은 포용성과 창의성을 갖춘 주도적인 사람입니다. 이를 위해 미래 사회를 잘 살아갈 수 있는 역량을 키워주는 교육과정, 학습자의 자기주도적 성장을 지원하는 학습자 맞춤형 교육과정, 지역, 학교 현장의 자율적인 혁신 지원 및 유연한 교육과정, 디지털, AI 교육환경에 맞는 교수, 학습 및 평가 체제를 구축한 교육과정을 중점으로 만들었습니다.

미래 사회의 불확실성을 이길 수 있는 역량을 키우기 위해 자신의 학습과 삶을 주도할 수 있는 능력 함양, 언어·수리력, 디지털, 인공 지능 기초 소양 함양, 협력과 공동체 의식 함양을 강조하고 있어요.

앞으로 부모들은 자녀 교육을 위해 바뀌는 교육과정을 잘 알아야 상급학교를 진학할 때 준비를 잘할 수 있어요. 저학년부터 스스로 선택하고 생각하는 생활을 할 수 있고 국어, 수학의 기본을 다지면서 인공 지능을 효과적으로 활용하고 나에게 맞게 사용할 수 있는 역량을 키워나가야 합니다.

개정교육과정에서는 진로 연계 교육을 강조하여 유치원에서 초등학교 입학할 때, 학년이 올라갈 때, 초등에서 중학교에 갈 때마다 준비할 수 있는 교육을 지원하겠다고 합니다. 이런 측면에서 초등학교 입학 후 입학 초기 적응 교육 시간을 대폭 축소하고 통합교과로 바로 들어가서 체계적인 생활 안내를 하고 국어에서 한글 교육을 위한 시간을 34시간을 추가하였습니다.

기초 한글 교육을 강화하기 위해 국어 34시간을 늘린 반면, 안전한 생활이라는 교과를 없애고 교과 연계 안전 교육으로 재구조화하여 통합교과 안으로 넣었습니다.

설명하자면 국어 34시간을 늘리고 안전한 생활 교과를 통합교과와 창의적 체험 활동 시간에 통합 연계하고 시수는 34시간을 빼버렸습니다. 안전교육을 교과 공부 중에 함께하여 시간의 효율성을 잡겠다는 논리입니다.

학생들의 1년 동안 전체 시수는 1,744시간으로 예전과 동일하여 아이들 입장에서는 학습 부담도 경감될 수 있어요.

통합교과(1학기: 학교, 사람들, 우리나라, 탐험, 2학기: 하루, 이야기, 약속, 상상) 중에서 즐거운 생활의 놀이 및 신체 활동을 주 1~2회 이상 운동장이나 강당 등에서 체육 수업을 하도록 하여 활동 위주 수업을 진행하도록 했습니다. 아이들이 너무 좋아하는 시간이며 다양한 체육활동을 하고 있어요.

교과서 이름이 생소하지만 쉽게 말해 하나의 주제에 맞는 교육 활동을 진행하는 것입니다. 우리나라 교과서는 우리나라의 풍습, 애국가, 태극기, 전통 문양, 집, 한복 등을 공부하는 시간이고 탐험 교과서는 아이가 미지의 세계를 탐험하는 방법과 상상력을 키우는 수업이 이루어집니다.

안전 교육은 통합교과서마다 따로 4시간이 배당되어 있습니다. 눈에 띄는 내용은 10.29 이태원 참사의 영향으로 밀집 환경의 안전 수칙 내용을 포함하였고 위기 상황 대처 능력 함양 사항을 추가하여 체험 위주의 안전 교육이 활성화 되도록 개선한 것입니다.

개정교육과정에 따라 학교마다 필수적으로 편성 운영해야 하는 학교 자율 시간이 도입되면 3~6학년 대상으로 학교 사정이나 학생의 필요에 맞는 다양하고 특색있는 교육과정 운영이 가능해질 것입니다. 학교자율시간의 운영은 연간 34주를 기준으로 한 교과별 및 창의적 체험 활동 수업 시간의 학기별 1주의 수업 시간, 대체로 30~34시간 정도를 확보하여 한 학기 이상 운영하는 것입니다.

2022 개정교육과정의 발표에 나온 학교자율시간 주제 예시로는 3학년 지역 연계 생태환경 디지털 기초 소양, 4학년 지속가능한 미래 우리 고장 알기, 5학년 지역과 시민 지역 속 문화탐방, 6학년 인공지능과 로봇 역사 등입니다. 학교자율시간의 과목과 활동 내용은 학교가 결정할 수 있는데 시도교육감이 정한 절차에 따라 개설해야 합니다. 말하자면 학교 수준에서 한 학기 동안 과목을 만들어 수업을 진행하는 것입니다.

주요 교과별 변화

먼저 국어는 34시간 증배를 통한 한글 해득 및 기초 문해력 강화가 가장 큰 특징입니다. 또한 공통 교육과정에 매체 영역을 신설하여 초등부터 체계적 종합적인 매체 관련 교육 내용을 구성하였습니다. 한 학기 한 권 읽기의 취지를 살려 학년 당 한 권 이상의 도서를 읽는 통합적 독서활동을 강조하고 있어요.

기존 2015 교육과정에서 영어는 듣기 말하기 읽기 쓰기로 4개 영역을 구성했어요. 그것이 2022 개정교육과정에서는 언어 사용의 사회적 목적 관점으로 영역을 구성하여 이해(Reception), 표현(Production)으로 바뀝니다. 또한, 영어 기초 문해력 강화 및 단어, 문법 학습을 강화하고, 소리와 철자 관계에 이해 관련 성취 기준을 보강 및 추가하여 파닉스를 강화였습니다. 영어 발표와 토론 수업을 강화하는 교육과정으로 변화할 예정이니 회화뿐 아니라 파닉스, 영어책 읽기, 토론까지 아우르는 영어 공부가 필요합니다.

사회과의 경우 지리 영역에서는 학생의 생활 경험 범위로 탄력적인 환경 확대법을 적용하며 지리적 기능 수행을 강조합니다. 중학교에서 '지리'라는 독립적인 과목으로 분리가 된다고 하니 지도를 읽고 활동할 수 있는 능력과 지역과 나라별의 자연환경, 인문 환경을 분석하고 추론하는 공부가 필요합니다.

일반 사회에서는 학교생활 속 민주주의를 강조하고 미디어 리터러시 등 배경 지식을 얻고 활용하는 부분이 필요합니다.

역사 영역에서는 3, 4학년 역사적 시간 개념 역사 증거 등의 기초 개념을 추가하고 탐구 중심의 역사 수업을 위해 생활사 중심으로 내용 구성을 변경했습니다. 생활사 중심으로 변경되면 유물, 유적, 역사 기록을 배우면서 조상들의 생활, 문화 등을 자연스럽게 알아가는 것입니다.

2022 개정교육과정에서 수학과는 초등과 중등 수학의 연계를 강화합니다. 초등학교와 중학교의 핵심 아이디어, 내용 영역, 내용 체계 등에서 달랐던 것을 통합해서 제시했습니다. 그리고 수학과의 영역을 기존의 수와 연산, 도형, 측정, 규칙성, 자료와 가능성 등 5가지에서 수와 연산, 변화와 관계, 도형과 측정, 자료와 가능성 등 4개 영역으로 바뀝니다. 표현이 달라져 약간의 변화가 있을 수 있지만 어려워지는 것은 아닙니다.

또한 저학년 학생들의 한글 학습 수준과 학습 부담을 고려하여 '여덟, 첫째, 짧다, 많다, 넓다' 등 한글로 쓰게 하는 활동을 지양합니다. 덧셈식, 뺄셈식, 곱셈식에서 등호의 개념을 이해하는 것과 덧셈의 교환법칙, 결합법칙, 곱셈의 교환법칙 등을 직관적으로 이해하게 변경되었다고 합니다. 3, 4학년 수학에서 크기가 같은 각의 작도를 삭제하여 학생들이 학습 부담을 완화하고 등호를 이용하여 크기가 같은 양의 관계를 식으로 나타내는 것을 배웁니다. 5, 6학년에서는 원주율 3.14로 사용하며 디지털 소양 강화를 위해 분수의 성질 이용 및 그림 그래프 나타내기 내용은 삭제하고 가능성을 예상해 보는 내용은 새롭게 편성되었습니다.

과학 개정교육과정에서는 운동과 에너지, 물질, 생명, 지구 등 기존의 과학과 4개 영역이 운동과 에너지, 물질, 생명, 지구와 우주, 과학과 사회가 신설되어 5개 영역으로 바뀝니다. 과학과의 특징은 디지털 소양 및 생태 전환 교육이 강화입니다. 2028 수능 변화에서 절대 평가로 변화된다고 하니 주목해 봐야 할 부분 같습니다.

정보교육은 현행의 소프트웨어 교육을 바탕으로 인공지능 빅데이터 등 첨단 디지털 혁신 기술을 이해하고 활용할 수 있도록 초등학교 실과 시간 정보교육을 기존 17시간에서 2배 늘린 34시간 이상 실시하게 됩니다. 놀이 체험 활동 등 간단한 컴퓨터 프로그램을 구현하면서 학습 부담 없이 쉽고 재미있게 정보 기초 소양을 함양할 수 있도록 학습 내용을 재구성하여 카드놀이 등 언플러그드 활동으로 문제 해결 절차를 이해하고 블록 코딩 등으로 구현하는 예시가 제시되었습니다.

요약하면 전체 교과에서 문해력 및 디지털 역량 강화에 대한 내용을 눈여겨서 보아야 합니다. 실과 시간 정보 교육이 2배 늘어나고 초등학교에 학교 자율 시간이 도입됩니다. 학교의 변화를 미리 알고 준비하는 방향으로 부모와 아이들도 같이 움직여야 합니다.

초등 국어 공부

국어는 모든 공부를 할 수 있는 도구가 되는 교과입니다. 국어책은 그림책을 꾸준히 읽고 질문하고 답해 본 아이들에게 어렵지 않습니다. 어휘력이나 독해력을 키우는 문제집을 푸는 것도 좋은 해결 방법입니다. 다만 문제집을 풀고 답을 확인하는 과정에서 부모는 아이와 함께 문장을 읽고 해석하면서 질문하고 답을 해 봐야 합니다.

하브루타로 어휘력, 문해력, 사고력 키우기

챗GPT가 세상을 뒤흔들고 있습니다. 질문을 잘하면 사업 아이디어를 얻거나 영어 공부를 할 수도 있고 그림도 그릴 수 있습니다. 이렇게 질문의 중요도가 갑자기 높아졌지만, 우리 아이들의 질문 능력은 걱정스럽지요.

초등학교 저학년 아동이 질문을 잘할 방법은 바로 어휘력과 문해력을 향상하는 것입니다. 학습의 기초를 다지는 중요한 과정이죠. 이러한 기술들은 아이들이 세상을 이해하고, 표현하는 능력을 기르는 데 필수적입니다.

질문을 통해 어휘력을 높이고 문해력을 향상할 수 있는 방식은 '하브루타'입니다. 하브루타는 대화를 나누며 어휘력과 문해력, 그리고 사고력을 동시에 향상시킬 수 있습니다.

하브루타는 유대인 전통 교육 방식으로 학습자들이 짝을 이루어서 서로 질문하고 대답을 하면서 깊이 있는 사고를 유도하는 형태로 이루어집니다. 부모와 형제, 혹은 친구 간의 하브루타를 통해 아이들은 자기 생각을 명확히 표현하고 지식을 습득하는 동시에 비판적 사고력을 기를 수 있습니다.

하브루타의 장점은 서로 다른 생각과 새로운 아이디어를 나눔으로 다양한 생각과 창의적 사고를 촉진하고 자기주도 및 동기부여로 학습을 촉진할 수 있습니다. 또 지속적인 대화와 토론을 통해 의사소통 능력이 향상되며, 상대방의 의견을 경청하고 존중하는 태도를 배울 수 있습니다.

하브루타 교육법은 부모와 아이들이 얼마나 잘 참여하고 서로 소통하는지 상호작용의 질이 중요합니다. 그러므로 하브루타를 효과적으로 진행하기 위해서는 아이의 생각을 존중하고, 허용적인 분위기에서 들어줄 수 있어야 합니다.

이 방식은 질문을 만들고 답을 하는 연습이 필요하고 꾸준히 이어나간다면 학습자가 스스로 지식을 탐구하고, 깊게 이해하며, 사회적 기술을 발달시킬 수 있는 유익한 방법으로 평가받고 있습니다.

현재 하나의 주제에 많은 질문을 만들고 토론하는 하브루타에 익숙하지 않는 부모가 대부분입니다. 그렇지만 우리 아이들이 하브루타에 익숙할 수 있도록 부모들이 노력해야 좀더 앞서 나가는 사람이 될 것입니다. 유명한 강사나 비싼 학원에 보내는 것보다 초등 1학년부터 하브루타식으로 부모와 형제 간에 대화를 나눈다면 국어의 어휘력이 향상되고 문해력이 좋아져서 글을 잘 이해할 수 있어 책 읽기가 즐거워질 것입니다.

첫째, 하브루타로 어휘력을 향상하는 방법은 그림책을 같이 읽고 질문을 많이 만들어 보는 것입니다.

어휘력은 단어를 이해하고 사용하는 능력을 의미합니다. 아이들이 많은 단어를 알고 있을수록, 그들은 더 정확하고 풍부하게 자신의 생각과 감정을 표현할 수 있습니다. 하브루타 방식을 통한 대화는 아이들에게 새로운 단어를 자연스럽게 소개하고 사용해 볼 기회를 제공합니다.

부모는 아이와의 대화에서 다양한 주제를 다루며, 어려운 단어가 나올 때마다 그 의미를 설명해 주고, 아이가 직접 문장에서 사용해 보도록 격려해야 합니다. 또한, 일상 속에서 자주 사용되지 않는 단어들을 포함시켜 아이의 어휘 범위를 넓히는 것이 중요합니다.

하브루타를 진행하기 위해, 어린이의 눈높이에 맞는 그림책을 선택해야 합니다. 선택된 그림책은 어린이가 쉽게 이해할 수 있으면서도, 깊은 감동과 여운을 남길 수 있는 책이어야 합니다. 여러 그림책 중 책 표지를 살피면서 아이가 고르고 흥미를 가질 충분한 시간을 주세요.

고른 그림책을 읽을 때는 침대나 소파처럼 편안하고 부모와 접촉할 수 있는 장소가 좋아요. 부모가 먼저 읽어 주면서 표지, 그림과 글을 살펴보고 이야기를 나누어 봅니다.

아이가 그림이나 이야기 속에서 궁금한 점을 질문하는 시간을 가집니다. 그리고 하브루타를 하는 방식을 자녀와 함께 정하는 것이 좋습니다. 정해진 질문 방식이 있다면 하브루타가 익숙하지 않는 경우 안심하고 도전할 수 있어요.

가장 쉽게 책 제목의 낱말 뜻을 물어볼 수 있어요. 표지의 앞과 뒤, 그리고 속지에 나오는 그림에 관한 질문을 만들고 대답을 합니다. 질문은 자녀도 만들도록 하면 사고력이 자라고 능동적이 되지요. 표지에 대한 느낌이나 드는 생각을 물어보는 질문도 필수이죠.

다음은 그림책의 장면을 보고 느낌과 생각나는 것을 묻고 문장 표현을 중심으로 질문을 만들어요.

"토끼는 어디서 잠을 잤지?"

"거북이는 땀을 어떻게 흘렸지?"

"언제 일어난 일인가요?"

"누가 어디로 갔나요?"

쉽게 짧은 질문을 만들면 아이도 신나게 질문을 만들어요. 질문지를 잔뜩 만들고 질문지를 접어서 뽑아가며 답을 하는 시간도 즐겁답니다.

느낌, 생각을 위주로 질문을 만들어 봅니다.

"알사탕을 먹으면 왜 소리가 들릴까? 무엇 때문에 그렇게 생각한거니?"

"왜 불쌍한 여우라고 했을까?"

"어떻게 백설공주는 되살아났을까?"

질문을 만들 때 아이가 이상한 질문을 만들어도 성의껏 답을 해 주는 것이 좋고 부모는 질문을 미리 생각하여 만들어 두는 것이 좋습니다. 부모의 의도된 질문과 답은 풍부한 어휘를 사용하고 아이가 생각하지 못하는 점을 거론하는 것이 핵심입니다.

마지막으로 아이의 상황이나 경험과 비교하여 묻고 자녀의 의견을 묻고 가정하여 물어봅니다. 그림책의 상황을 실제 생활에 적용하여 질문하는 겁니다. 만약 아이가 어려워한다면 1~2가지 질문을 하다가 점점 늘려 나가세요.

"토끼와 거북이를 비교한다면?"

"백설공주에서 왕비에 대해 어떻게 생각하니?"

"너는 알사탕을 먹는다면 어떤 소리가 들리는 알사탕을 먹고 싶니?"

"갑자기 여우가 된다면 무엇을 하고 싶니?"

"네가 주인공이라면 친구에게 어떻게 대해 줄 것 같니?"

하브루타 시간을 위한 질문을 만드는 가이드를 만들고 놀이와 같이 즐거운 시간을 만든다면 머지않아 아이가 다다다 질문을 쏟아낼 것입니다. 부모는 그 질문의 답을 쉬우면서 다양한 낱말을 사용하여 답하도록 노력하고 생각나지 않는 단어가 있다면 같이 사전을 활용하는 것이 좋습니다. 국어사전을 찾으면 낱말 뜻도 나오지만, 한자, 비슷한 말, 반대말, 예시 문장 등이 나오기 때문에 어휘의 확장이 손쉽게 됩니다.

"'고민'을 찾아보니 마음속으로 괴로워하고 애를 태움으로 나와 있어."

"그런데 엄마, 비슷한 말에 '고뇌' 라는 말도 있는데 무슨 뜻이야?"

"고민'은 뜻의 한자 '고'자랑 답답하다는 뜻의 '민'자가 만나서 된 글자야. 고뇌에서 '고'자는 같은 한자이고 '뇌'는 괴롭다는 뜻이니까 둘 다 모두 답답한 마음과 괴로운 마음을 나타내는 단어야."

이렇게 그림책을 보고 국어사전을 읽다 보면 한자 공부도 될 수 있어요. 우리말에 한자가 차지하는 비중이 79% 이상이라고 하니 짬짬이 한자의 뜻풀이를 해 주면 비슷한 소리를 가진 단어를 만났을 때 뜻을 유추하기 쉬워집니다.

둘째, 문해력이 향상되는 그림책 읽기를 해 보세요. 우리가 흔히 알고 있는 독해력은 글을 읽고 뜻을 이해하는 능력입니다. 문해력은 그 능력을 포함하면서 그 안에 들어 있는 정보를 찾아 분석하고 자기식으로 풀이하며 비판적으로 생각하는 능력을 포함합니다. 그러니 단순히 국어책을 읽고 질문에 답하는 것을 넘어서 표면적 의미 속에 들어 있는 작가의 의도나 뜻을 찾는 것입니다. 문해력을 높이는 것은 국어 선행학습을 하는 것과 마찬가지입니다. 어려운 국어 수능문제를 잘 푸는 비법이 바로 문해력이기 때문에 수학처럼 2학년 교과서를 미리 읽고 문제집을 푸는 것이 아닙니다.

하브루타 방식을 활용하여, 아이가 읽은 내용에 대해 질문을 하고, 그 질문에 대해 스스로 답을 찾도록 격려함으로써 문해력을 향상시킬 수 있습니다. 부모는 아이가 읽은 책이나 글에 대해 깊이 있는 질문을 준비하고, 아이가 자신의 생각을 말로 표현할 수 있도록 도와야 합니다. 이 과정에서 아이는 단순히 정보를 받아들이는 것이 아니라, 비판적으로 분석하고 자신의 의견을 형성하는 연습을 하게 됩니다.

그러기 위해서는 하브루타의 질문 찾기가 조금씩 익숙해지면 점점 아이가 그림책을 소리내어 읽도록 해 주세요. 부모가 읽으면 따라 읽다가 혼자 읽는 범위를 늘리고 같은 책을 여러 번 읽어서 유창하게 소리내어 읽는 것이 효과적입니다. 그림책은 문장이 짧지만 뜻을 내포하는 경우가 많으니 생각을 나누기에 적합합니다.

읽다가 마음에 드는 문장을 골라 써 보거나 느낌을 좀더 깊이 나누어 봅니다. 또 그림과 문장의 관계를 생각하는 질문을 던져보세요.

"알사탕 중에서 소파의 말을 들을 수 있는 알사탕이랑 소파의 색이 같아요. 왜 그럴까요?"

"진짜네. 그럼 다른 알사탕도 찾아볼까?"

이렇게 그림과 글의 연관성, 그림이 뜻하는 것, 글과 그림이 맞지 않다면 왜 그런 것인지 찾아보고 해석을 해 봅니다. 부모는 그림책에 대한 공부를 하면서 작가가 의도적으로 배치한 글과 그림의 해석법을 미리 찾아보세요. 그러면 부모 질문의 깊이가 더 깊어지고 아이의 사고를 확장시킬 수 있어요.

혹시 자녀가 질문을 한다면 그 부분을 여러 번 소리 내어 같이 읽어 보고 그림과 글을 살펴보면서 하브루타를 본다면 어렵지 않게 뜻을 찾을 수 있을 것입니다. 그런 과정을 부모와 아이가 같이 하면 나중에 만났을 때, 이해하기 어려운 글을 혼자 같은 방식으로 해석할 것이므로 문해력을 키우는 방법을 알려 주는 것이 될 것입니다.

하브루타로 책을 읽고 질문을 만들어서 답하고 그 답에서 질문을 만들고, 그림을 보고 생각하면서 질문하고, 그림과 문장이 대응하는지 따지고 글 속의 의미를 생각하고, 이런 하브루타의 모든 과정은 사고력을 향상시킬 수 있어요. 사고력 향상은 아이가 정보를 처리하고 문제를 해결하는 능력을 개발하는 것을 의미합니다.

하브루타의 짝으로서 부모가 질문하고 답을 해 주는 시간 속에서 아이는 부모의 생각 방식을 배우면서 다양한 관점에서 문제를 바라보고, 여러 가능성을 고려하게 됩니다. 아이가 자신의 생각을 논리적으로 설명하고 학교에서 배우는 지식이나 책에서 알게 된 사실을 차곡차곡 쌓는 과정의 기초가 되기 때문에 중요합니다.

질문의 양이 적고 체계적이지 않아서 그렇지 우리가 부지불식간에 하브루타를 하고 있어요. 만약 아이에게 답지만 던져 주거나 아이가 이해했는지 이야기를 나누지 않으면 문제집을 푸는 효과가 낮을 수밖에 없습니다.

국어는 선행학습으로 어휘력과 문해력을 높이는 공부와 한자를 조금씩 익히는 것 정도라고 생각합니다. 한자는 장차 중학교 한자 공부를 위해 좋은 방법입니다. 급수 시험에 응시하는 것은 중학년 정도에 해도 늦지 않습니다. 저학년 수준에는 우리가 알고 있는 낱말이 어떤 뜻의 한자로 되어 있는지 평소에 질문하고 답하는 것으로도 충분합니다.

"충분은 어떤 한자일까?"

"충은 충분할 충, 분은 분할 분?"

가끔 황당한 답도 나오기도 하지만 즐거운 소통의 시간임은 분명합니다.

우리 아이가 그림책을 읽어야 하는 이유

지아는 그림을 제법 잘 그렸는데 하고 싶은 말이 너무 많아 도화지를 채우는 그림에는 모두 이야기가 있었지요. 국어와 영어를 잘하는 지아는 특별하게 영어학원을 다니지 않았습니다. 3학년 2학기에 처음으로 영어학원에 가서 레벨 테스트를 받았는데 지아는 발음이나 책 읽기 수준이 높아서 미국에서 산 적이 있는지 물을 정도였습니다.

지아는 1학년에 맡았던 아이로 당시에는 책 읽기를 무척 싫어하는 활동적인 아이였습니다.

"앉아서 책 좀 읽었으면 좋겠어요."

지아 어머니의 소원은 그림책 읽기를 통해 이루어졌습니다.

하루는 지아에게 그림책을 주며 말했습니다.

"지아는 그림을 정말 잘 그리네. 이 그림 멋지지 않아?"

점심시간에 아이들에게 읽어 보라고 칠판에 세워 놓은 그림책 중 아름다운 그림이 있는 책들을 골라 보여 주었지요. 처음에는 시큰둥하다가 이쁜 그림에 관심을 가지고 그림을 따라 그려 보려고 애를 쓰더니 점점 글을 같이 읽었습니다.

"선생님, 이 이야기 너무 재미있어요. 다른 책 없어요?"

학교 도서관에 있는 그림책을 거의 다 본 1학년 말에 지아 어머니에게 그림책을 골라 볼 수 있도록 시립 도서관을 권했습니다. 지아는 도서관에서 그림책을 보다가 그림을 그리곤 했다고 해요. 뜻하지 않게 국어책보다 높은 수준의 책들과 영어 그림책까지 읽게 되면서 선행학습을 시키는 기분 좋은 경험을 하셨다고 해요.

"요즘은 영어 그림책도 봐요. 도서관에서 영어 그림책을 은근슬쩍 밀어 주었더니 그림만 보더라고요."

지아는 그림책의 그림을 따라 그리려다 영어 그림책을 보게 되었고 뭐라고 적혔는지 궁금하니 음원을 들으며 그림을 그렸다고 합니다. 3학년이 되어서 리더스 수준으로 글밥이 있는 책을 읽게 되었고 지아의 그림에는 이야기가 들어가 창의적인 표현을 하게 되었습니다.

그림책은 상상력이 풍부한 그림과 운율이 있는 글로 이루어진 경우가 많습니다. 그림책은 단순한 독서 활동을 넘어서, 아이들의 정서적, 인지적 발달에 큰 도움을 줄 수 있는 교육적인 도구이자 예술적 읽기 자료입니다.

그림책은 새로운 단어를 배우고, 문장을 이해하는 과정에서 언어 습득 능력을 향상시킵니다. 그림책 속의 다채로운 그림과 이야기는 아이들의 상상력을 자극합니다. 이를 통해 창의적인 사고를 촉진하며, 문제 해결 능력과 연결됩니다. 다양한 캐릭터와 상황을 통해 감정 이해 및 사회성 발달, 공감하는 능력을 기르는 데 도움을 주지요. 또 집중력 및 기억력이 향상되며 부모님이 아이와 함께 그림책을 읽는 시간은 아이에게 안정감을 제공하며, 부모와 아이 사이의 유대감을 강화합니다.

이러한 이유로, 아이들에게 그림책을 읽어 주는 것은 단순한 취미 활동이 아닌, 자녀의 전반적인 발달을 돕는 중요한 활동임을 알 수 있습니다.

그러나 많은 부모들이 아이들에게 그림책을 활용하는 방법을 모르고 전집으로 사 두고 걱정만 하는 경우도 있습니다. 그림책은 글밥이 많은 책으로 넘어가는 징검다리 같은 책이라서 글자 없는 그림책부터 점점 글자 수를 늘려가는 원리라고 생각하는 사람들이 많습니다. 그러다 보니 빨리 글자 많은 책을 읽도록 하는데 치중하고 그림책을 보는 시기는 짧게 가져도 괜찮으며 오히려 학습 만화책을 많이 읽히는 경향도 있습니다.

그림책은 1, 2학년 교과서에 많은 비중을 차지하며 어린이의 언어 발달, 문해력과 창의적 표현 능력 향상, 정서적 안정 등 매우 중요한 역할을 합니다. 그림책을 통해 어린이들은 학습과 놀이를 결합하며, 독서 습관을 형성하는 데 도움이 되는 유용한 방법입니다. 어릴 때 잠깐 한글을 깨우치는 도구로만 사용하고 아이들이 충분히 즐기지 못하게 하는 것은 무척 아쉬운 일이라 생각합니다.

그림책을 국어 공부의 바탕으로 만드는 첫 번째 방법은 도서관을 가는 시간을 만드는 것입니다.

"우리 집은 그림책 전집이 많아서 도서관 안 가도 돼요."

이렇게 자랑스럽게 이야기하던 어머니의 고민이 바로 '우리 아이는 왜 책을 싫어할까요?'였습니다.

희수 어머니는 책을 읽을 때 강제성을 많이 부여하고 혼을 많이 낸 경우였습니다. 희수가 좋아하는 게임을 하려면 책을 읽어야 했습니다. 물론 아이는 게임을 하기 위해 책을 읽었지만 결과적으로 책 읽는 것을 싫어하게 되었지요.

책을 읽는 활동이 좋은 인상을 주어야 즐길 수 있는 것은 당연한 것입니다. 좋은 인상을 주기 위해 도서관에 나들이 삼아 가 보세요. 도서관에 있는 동안 혼내거나 잔소리는 최대한 하지 말아야 합니다. 그렇다고 도서관에서 다른 사람들에게 피해를 주어도 괜찮다는 이야기는 아니지요. 도서관 규칙을 지키지 않는 경우는 단호하게 이유를 말하고 하지 못하도록 해야 합니다.

도서관에서 보고 싶은 책을 직접 선택하고 빌리는 시간을 주고 직접 대출도 하게 해 주면 됩니다. 엄마 눈에 아이가 이상한 책만 빌린다고 걱정이 되는 경우, 한 두 권은 엄마나 사서 선생님이 권하는 책으로 빌리기로 협상을 미리 해 두면 좋습니다. 도서관 나들이가 거듭되면서 이상한 책을 덜 빌리고 그림책이나 동화책을 더 많이 빌리게 될 것입니다. 물론 은근하게 그림책의 좋은 점, 재미있는 부분을 강조하고 관련된 활동을 계획하면 좋은 영향을 줄 것입니다.

예를 들면 백희나 작가의《알사탕》을 봤다면 아이는 그냥 지나치기 쉬운 깨알 같은 재미가 있는 부분을 찾아 준다거나 유명한 그림책 작가 전시회에 가 보는 것도 해당이 됩니다. 보호자의 그림책 공부가 선행된다면 효과를 더욱 높을 수 있습니다.

도서관 책을 빌리고 그냥 집에 오는 것이 아닙니다. 온 가족이 도서관에서 뒹굴뒹굴 책을 읽다가 나와 즐거운 시간을 가지는 것을 권합니다. 도서관 책을 읽고 빌리는 시간이 가족 외식과 쇼핑으로 연결되어 즐거운 시간이라는 등식이 성립되면 아이들은 토요일이나 일요일만 기다리게 될 것입니다. 빌린 책을 다 읽으면 쿠폰을 주고 정해진 쿠폰이 모이면 게임 같은 원하는 놀이를 할 수 있게 하는 것도 괜찮습니다. 희수는 10권의 그림책을 읽으면 게임을 1시간 할 수 있게 되었지만, 도서관에 가는 날만 손꼽아 기다렸습니다. 주말이면 아빠와 도서관에서 책을 읽고 놀 수 있고 외식을 하러 갈 수 있으니 게임은 생각도 안 난다고 했어요.

둘째, 그림책을 직접 읽어 주는 것입니다. 부모가 어린이에게 그림책을 읽어 줄 때 아이들의 독서 경험을 더욱 풍부하고 즐겁게 만들 수 있습니다.

"읽어 주는 것은 글자를 모를 때나 하는 것 아닌가요?"

맞는 말 같지만 틀린 말이라 할 수 있습니다. 아이들이 읽는다고 모두 이해하는 것이 아닙니다. 읽은 후 무슨 내용인지 슬쩍 물어보면 동문서답을 하는 경우가 많아요. 능숙하게 읽는 능력이 아직은 부족해서 독해를 하며 책을 집중해서 읽는 시간은 생각보다 짧습니다. 뜻을 알고 이해하며 읽다가 힘이 들면 아이는 지치게 되고 지치면 책 읽기가 싫어지게 될 수 있습니다. 술술 읽히는 2~3학년이 넘어가는 시기까지 부모의 도움이 있으면 좀더 즐거운 책 읽기가 가능해지는 것입니다.

아이는 부모가 읽어 주면 단어와 단어 사이를 어떻게 끊어 읽고 높낮이에 따라 뜻이나 분위기가 달라지는 것을 들으면서 혼자 읽는 것보다 훨씬 많은 정보를 받아들일 수 있습니다. 그 정보를 바탕으로 궁금한 것을 질문하고 떠오르는 생각을 이야기 나누다 보면 문해력과 사고력, 창의력이 길러집니다. 평면적인 2D로 보는 그림보다 입체적인 3D로 보는 그림이 현실감 있는 것과 같습니다.

부모는 그림책을 읽어주며 이야기 중에 아이들에게 질문을 던지고, 그림을 보며 이야기를 함께 만들어 봅니다. 이야기의 감정을 같이 살피고 표현해 보세요. 매일 비슷한 시간에 읽어 주면 예측 가능해서 독서 습관을 형성하는 데 도움을 줍니다. 마지막으로 아늑하고 허용적 분위기에서 책을 읽도록 도움을 주면 좋습니다.

아이는 독서를 더욱 즐기며 동시에 언어 발달과 상상력을 키울 수 있습니다. 함께하는 독서 시간은 부모와 아이 간의 특별한 연결을 형성하는 중요한 순간이 될 것입니다.

국어가 어렵다고 나중에 수능 볼 때 학원을 보내거나 문제집을 많이 풀게 하는 것보다 초등학교 때 책을 많이 읽는 것이 제일 좋은 비법입니다. 자기 수준에 맞는 책을 골라서 차근차근 읽으며 학년을 올라간다면 중, 고등학교에 가서 비문학, 문학에 관한 책을 읽기가 쉽고 수능에서 더 좋은 성적을 받을 수 있을 것입니다.

오늘부터 우리 아이의 수준에 맞고 흥미있는 그림책을 찾아서 무릎에 앉은 아이와 눈을 맞추며 읽어 주세요. 그럼 국어 고민이 차츰 적어질 것이라 생각해요.

전략적 도서 선택 방법

보라는 학습 만화책은 엄청 읽지만, 그림책을 싫어하는 아이입니다. 엄마가 별 묘안을 다 짜내어 보았지만 만화책을 들고 앉아 본 것을 또 보고 또 보았습니다. 예전에는 학습 만화책만 보았지만 지금은 웃기는 내용이나 무서운 이야기까지 보게 되었습니다.

보라는 유치원까지 그림책을 읽어 주면 곧잘 보곤 했습니다. 그러다가 한글을 읽게 된 이후 그림책을 혼자 보도록 했고 그 이후 그림책을 점차 멀리하게 되었습니다. 왜 그림책을 싫어하게 되었을까요?

어린이들은 흥미로운 이야기와 캐릭터를 원하지만, 그림책 중에는 교육적 필요에 따라 만들어져 지루하거나 어려운 주제를 다루는 것이 있어 어린이들이 싫어할 수 있습니다.

혹은 내용을 이해하기 어렵거나 너무 쉬워서 흥미를 잃게 만들 수도 있습니다. 그림책을 읽으라고 아이에게 강제로 독서 압박을 한다거나 디지털 디스트랙션으로 인해 그림책보다는 디지털 미디어에 끌리는 경우가 있으며, 독서 환경의 부재와 부모의 줄어드는 관심을 들 수 있습니다.

이러한 이유 중 하나 이상이 해당된다면 부모는 이러한 문제를 인식하고 어린이의 독서 관심을 높이기 위해 노력할 필요성이 있습니다.

보라처럼 학습 만화책에 몰두한 나머지 다른 책을 읽지 않는 경우, 걱정이 많게 됩니다. 그럼 만화책은 읽도록 놓아두면 안 될까요?

"만화책이라도 읽었으면 좋겠어요. 그것도 안 봐요. 가만히 앉아 책 좀 봤으면 좋겠어요."

"만화책에서 역사 이야기, 신화 이야기를 읽으니 상식이 풍부해지고 좋더라구요."

"공부시간에 만화책을 보다가 선생님께 혼났어요."

그림책과 만화책을 비교해 보면 만화책을 읽혀도 될지 가늠이 될 것 같습니다.

만화책은 연속적인 스토리라인과 다양한 캐릭터를 통해 복잡한 이야기를 전달합니다. 대사와 장면이 중심이 되어 스토리가 전개되지요. 시각적 요소 면에서 동적인 그림과 표현력이 강한 캐릭터 디자인이 특징입니다. 교육적 가치를 보면 특정 주제에 대한 심도 있는 탐구나 문제 해결 과정을 제공할 수 있지만, 주로 오락적 성격이 강하고 대화 중심으로 진행되며, 간결하고 직접적인 문장이 주를 이룹니다.

그림책은 스토리텔링 중심으로 간결하고 상징적인 이야기가 특징입니다. 텍스트와 이미지가 긴밀하게 결합되어 이야기를 전달합니다. 예술적이고 창의적인 그림이 중요한 역할을 하고 색채, 구성, 그림 스타일이 다양하게 표현됩니다. 교육적 가치로는 언어 발달, 감성 교육, 사회적 가치 전달 등 다양한 교육적 측면을 포함됩니다. 서술적이고 상세한 문장이 사용되며, 어휘와 문장 구조가 더 다양하고 복잡할 수 있습니다.

학습 만화책과 그림책은 각각의 독특한 매력과 교육적 가치를 가지고 있어요. 만화책은 동적인 스토리와 흥미로운 캐릭터로 독자를 사로잡는 반면, 그림책은 예술적인 그림과 간결한 이야기로 감성과 상상력을 자극합니다. 각각의 책은 아이들의 발달에 다른 측면을 강화하는 데 도움을 줄 수 있지요.

자녀가 만화책만 본다면 입체적이고 흥미로운 등장인물이 신나게 사건을 해결해 나가는 이야기를 읽을 수 있습니다. 하지만 간결한 대화 위주의 언어와 과도한 시각적 자극을 줍니다. 과학, 역사, 경제 등 읽은 내용에 대한 학습 효과가 낮고 재미있는 캐릭터의 표정, 몸짓만 기억에 남을 수 있습니다. 중독성이 강하고 시각적 요소에만 의존하다 보면 줄글을 읽는 능력이 떨어질 가능성이 높습니다.

학습 만화를 고를 때는 저자가 편향적이거나 검증되지 않은 내용을 담은 것은 아닌지 살펴봐야 합니다. 강렬한 인상을 주기에 오개념을 만들 수 있기 때문이지요.

저학년은 상상력과 어휘력을 기르기 위해 먼저 좋은 그림책을 보는 것을 권합니다. 좋은 그림책은 상상력과 창의력을 자극하는 아름다운 그림과 다양한 문장 구조의 글을 볼 수 있습니다. 감정을 이해하고 표현하는 방법이 잘 그려져 있어 감성지능을 키우는데 도움이 될 수 있어요.

일부 그림책 중에서 비현실적인 요소가 많아 다양하고 복잡한 현실 세계를 이해하는데 혼란을 줄 수 있습니다. 가끔 지나친 도덕 교육을 담아서 아이가 이야기를 즐긴다기보다는 교훈을 강요받는 느낌이 들 수 있어요.

그림책과 만화책 어느 쪽이 더 우리 아이에게 도움이 되는지 판단을 하는 것이 중요합니다. 책이라고는 안 읽어서 고민되는 아이는 만화책으로 시작해도 좋습니다. 하지만 글밥이 많은 책을 읽을 수 있는 문해력의 성장, 문학적 표현력 신장, 정서적 안정을 생각하면 그림책을 가까이하는 것이 아이를 위해 더 유리합니다.

하나만 선택하는 것보다 그림책이나 만화책 등 다양한 형태의 책을 읽고 아이의 성장을 도울 수 있는지 가늠해 보고 전략적으로 활용해 보세요.

학습 만화책 활용 방법은 부모가 학습 만화를 어떤 주제로 읽을지 자녀와 정하고 다 읽고난 후에는 어떤 내용이었는지 새로 알게 된 내용을 이야기를 해야 합니다. 읽은 책과 비슷한 주제의 책을 연계하여 읽도록 합니다.

저학년 기간 중 다양한 주제와 스타일의 그림책을 아이에게 제공하면, 아이의 호기심을 자극하고 지적 호기심을 증가시킵니다. 이러한 다양한 주제로 그림책을 접하면 어린이의 언어 발달, 상상력, 문해력을 향상시키며, 독서 습관을 긍정적으로 형성하는 데 도움이 됩니다.

또 아이의 관심사와 연령에 맞는 책을 고르는 것이 중요합니다. 또래인 주인공이나 비슷한 경험을 한 아이가 나오는 그림책을 선택하여 읽어 준다면 아이의 관심사와 연령에 맞아 흥미를 가지고 읽을 것입니다.

입학으로 불안한 상태인 아이는 그림책을 통해 미리 학습한다면 부모의 말만 듣는 것보다 학교를 즐겁게 기다릴 수 있을 것입니다. 이렇게 아이의 관심사와 연령에 맞는 책을 선택하는 것은 그림책을 더욱 가까이하도록 만듭니다. 이로 인해 독서가 더욱 유익하고 즐거워질 것이라 생각합니다.

그림책을 싫어하는 아이라면 그림책을 읽을 때 아이와 상호 참여하는 경험을 만드는 것에 집중해 보세요. 혼자 읽게 버려두지 말고 부모가 품에 안고 이야기 중에 아이에게 질문을 던지고, 그림을 보며 함께 이야기를 만들어 나가는 것이 좋아요.

"그 캐릭터는 왜 그럴까?" 또는 "다음에 어떻게 될 것 같아?"와 같은 질문을 통해 아이들은 자신의 생각과 상상력을 발휘할 수 있습니다. 예를 들어, 함께 읽는 그림책에서 용기 있는 토끼가 어떻게 문제를 해결하는지에 관한 질문을 던지면, 아이는 이야기 속에서 캐릭터와 공감하며 스스로 답을 찾게 됩니다.

그림책의 그림을 함께 보며 이야기를 만들어 나갈 수 있습니다.

"이 그림에서 무슨 일이 일어나고 있을까?"

혹은 아이에게 다음 장면을 예측해 보라고 할 수 있습니다. 아이들은 그림과 텍스트 사이의 연결을 이해하고, 이야기를 더 깊이 이해하게 됩니다. 예를 들어, 동물 친구들이 함께 모험하는 그림책에서 다음 장면을 예측하라고 물어보면, 아이들은 자신만의 이야기를 만들며 창의력을 발휘할 수 있습니다.

종합적으로, 그림책을 더 쉽게 읽게 만드는 방법은 아이와 함께 책을 고르고, 상호 작용하며, 목소리와 표현을 활용하는 것입니다. 이러한 방법들을 통해 아이들은 독서를 더욱 즐기며, 독서가 자연스럽게 일상의 일부로 자리 잡도록 도와주면 됩니다. 그림책은 어린이의 성장과 발달을 지원하고, 부모와 양육자의 관계를 강화하는 중요한 수단임을 잊지 말아야 합니다.

초등 수학 공부

수학 문장제, 어떻게 탐험해야 할까?

2015 수학 교육과정 뿐 아니라 2022 개정교육과정에서도 실생활 상의 스토리텔링을 강조해서 문장제 문제가 많이 나옵니다. 연산은 잘 푸는데 유독 문장제가 나오면 풀지 못하는 1학년 학생들이 종종 있습니다. 따지고 보면 결국 연산 문제이지만 학생들 눈에는 다르게 보이는 것입니다. 어려워하는 수학 문장제 문제는 연산 문제보다 어려운 계산을 필요로 하는 경우는 많지 않습니다. 문해력을 갖추고 문장들을 이해하면 풀 수 있는 문제입니다. 1학년부터 문장제 문제를 두려워하지 않는다면 수학의 속도나 점수가 올라가게 됩니다.

연산 문제: 2+2=4

문장제 문제: 토끼가 2마리가 놀고 있는데 다람쥐가 2마리 더 왔습니다, 모두 몇 마리일까요?

이 정도로 문장제라고 해서 어려운 것은 아닌데 대부분의 학생들은 문장으로 된 문제를 읽지도 않고 어려울 것이라 생각하고 지레 문제를 풀지 않으려고 포기하는 경우가 많습니다. 결국 글을 읽고 이해하는 능력이 필요한 것입니다.

첫째, 그림책을 읽으며 독해력을 키우면 좋습니다.

문장으로 표현된 수학 문제를 이해하는 능력을 강화하기 위해 일단 읽고 생각하는 독해력을 키워야 합니다. 1학년에게 맞는 그림책을 같이 읽고 등장인물, 스토리 흐름을 파악하는 활동, 그림책에 등장하는 동물이 몇 마리가 있는지 같은 의도적인 스토리텔링으로 이끌어 주면 좋습니다.

"여기 토끼가 몇 마리 있어? 3마리 있지? 호랑이는 1마리 있네. 토끼랑 호랑이는 모두 몇 마리가 있어?"

그림책을 읽으면서 긴 글은 끊어 읽고 맥락을 파악하는 능력을 신장하고 문해력을 키우는 활동이 수학 문장제를 해결하는 지도 방법입니다. 자녀가 혼자 책을 읽도록 두지 말고 내용을 파악하고 요약하는 활동을 부모와 함께 꾸준하게 하면 좋아요.

둘째, 쉬운 수준의 연산 문제를 문장제로 바꾸는 방법입니다.

예를 들어 '10-4=6'을 문장제로 바꾸어 말하도록 합니다.

"친구 10명이 운동장에서 놀고 있었어. 그러다가 4명이 집으로 갔어. 운동장에는 몇 명이 남을까?"

아이가 스스로 만들어 보면 문장제가 연산 문제와 크게 다르지 않고 식을 잘 세우면 풀 수 있다는 실마리를 통해 얻을 수 있습니다.

2학년이라면 곱셈을 넣어 문제를 만들면 됩니다. 간단한 연산 문제를 문장제로 바꾸는 연습을 하다가 문제를 스스로 만들어 푸는 방법으로 발전시키면 되지요. 여러 번 반복하다 보면 저절로 문제를 만들 수 있게 됩니다.

셋째, 문장제를 천천히 여러 번 읽도록 격려하여 문제의 핵심을 파악하고 문제를 풀 때 나만의 기호로 표시하는 방법입니다. 수학 문장제를 푸는 직접적인 방법을 알려 주고 훈련을 시키면 됩니다.

문제를 읽기 싫어하는 학생들이 수학 문장제 형식의 구조를 파악하면 문제를 푸는 방법을 이해할 수 있습니다. 문장제 구조를 파악하는 방법은 문장제를 뜯어 읽는 것입니다. 문제를 풀 때 나만의 기호로 표시하며 읽도록 지도하면 좋습니다. 제일 간단하게 표시하는 방법은 끊어 읽는 표시로 '/'를 긋는 것입니다.

"서원이가 / 오늘 읽은 책 쪽수는 32쪽이고/ 민정이가 / 읽은 쪽 수는 45쪽입니다. 두 사람이 / 읽은 책의 쪽수는 / 모두 몇

쪽일까요?"

그리고 숫자에 동그라미 같은 것으로 표시하고 '모두' 같은 단어는 별표를 치게 합니다. 아이와 함께 나만의 기호를 만들어 표시하면서 키워드를 찾으면 됩니다.

동그라미 친 것은 숫자이며 '모두'라는 단어의 별표를 치는 의미를 탐구하도록 유도하면 더욱 좋아요. 또 모두라는 단어는 더하기라는 법칙과 제거하거나 어느 것이 많은 지를 묻는 것은 빼기라는 법칙을 스스로 깨닫도록 훈련을 하듯이 반복해서 공부해 나가면 됩니다. 이런 과정을 통해 수학 문장제의 문장은 숫자와 연산을 결정하는 부분 부분으로 조각이 나 있음을 깨닫고 아이들이 더 쉽게 느껴질 수 있습니다.

계산을 시작하기 전에 덧셈인지 뺄셈인지 기본적인 수학 개념을 체크하는 것이 제일 첫 단계입니다. 그리고 문제에서 중요한 단어나 숫자를 찾아 밑줄을 치게 하여, 문제의 요구사항을 명확히 이해하도록 합니다. 문제 상황을 시각화하면 더욱 좋습니다. 즉, 문제 상황을 그림이나 도표로 표현하게 하여, 문제를 시각적으로 이해하도록 돕는 것입니다. 이제 문제를 여러 단계로 나누어 각 단계를 차례대로 해결해 보도록 합니다. 다양한 유형의 문장제를 연습하여 문제 해결 능력을 키우게 합니다.

수학에서는 원리를 이해하고 풀어 나가는 과정이 중요합니다. 어린 나이일수록 이 원리를 알아가는 것이 더욱 중요해집니다. 문제의 해결 과정을 명확하게 드러내는 어려운 언어 문제에 어려움을 겪는 아이들은, 상위 학년에서 수학을 포기하지 않기 위해 계산 중심의 학습과 문장을 읽고 이해하는 능력을 개발할 필요가 있습니다. 점수가 몇 점인지 보다는 문제를 해결하는 과정에 대해 함께 생각해 볼 수 있는 부모가 되기를 바랍니다.

AI 시대에 수학 공부는 어떻게 해야 할까요?

인공지능(AI)과 인간이 조화를 이루는 미래에는 수학을 잘하는 아이들이 선두적 역할을 할 것입니다. 왜냐하면 AI 개발에서의 수학 역할이 중요하기 때문입니다. AI 알고리즘, 특히 기계 학습은 확률, 통계, 선형 대수, 미적분학과 같은 수학적 기초에 바탕을 두고 있습니다. 이러한 요소는 AI 도구와 시스템 개발에 필수적입니다.

AI 기술은 여러 학문적 분야에 걸쳐 있으며, 단일 분야로 한정하기 어렵습니다. AI는 주로 컴퓨터 과학과 밀접하게 연결되어 있지만, 그 기초와 응용은 수학, 과학, 심리학, 철학, 그리고 심지어 언어학에 이르기까지 다양한 분야에서 영향을 받고 있습니다.

수학은 AI 폭풍이 몰아치기 이전에도 우리 세계를 이해하고 설명하는 기본 언어 및 틀로써 작용해 왔어요. 수학을 통해 복잡한 시스템의 표현을 만들어 물리학, 공학, 경제학, 사회과학 등 다양한 분야에서 정보에 기반한 의사결정을 촉진하는 역할을 합니다. 특히 수학은 과거 데이터와 수학적 기법을 바탕으로 미래 추세에 대한 교육적 예측을 하는 데 중요하지요.

챗GPT와 같은 AI와 대화를 하고 활용하거나 도움을 받는 것이 일상이 될 우리 아이들은 수학에서 논리적 사고력과 창의적 문제 해결력을 배워 활용할 수 있어야 합니다. AI 시대에 필수적인 수학을 잘하기 위해서 초등 저학년 학생들을 어떻게 지도하면 좋을까요?

첫째, 처음 수학을 접하는 유치원과 1학년들이 수학을 잘하기 위해 친밀감과 논리적 사고력을 키워야 합니다. 수학은 우리의 일상과 가까이에 있습니다. 학습지로 문제를 푸는 것부터 접근하면 아이들이 흥미가 없고 어려워합니다. 그래서 부모가 의도를 가지고 일상생활 중에 수학 문제를 아이에게 접하게 하는 것이 수학적 문제해결력과 논리적 사고력을 키우는 바탕이 됩니다.

기본적으로 1~9까지 수를 바르게 읽고 수의 순서와 양의 비교에 대한 개념을 일상생활에서 터득하도록 해야 합니다. 앞으로 50까지의 수, 100까지의 수를 공부하는 기본이기 때문에 미리 알고 가면 좋습니다.

50에서 100까지 수를 배울 때는 큐브 블록같이 10개씩 묶어 세는 습관을 기르고 장난감이나 과자, 물건을 5개씩 10개씩 묶어 세는 방법을 터득하면 됩니다. 피자 조각이나 사탕으로 양과

수를 비교할 수 있는 선행학습을 해 두면 됩니다.

2학년 때 세 자릿수를 구성 원리를 탐색하여 쓰고 읽으며 각 자리의 숫자가 얼마를 나타내는지 말할 수 있는 바탕을 만들어야 합니다.

또 단위길이를 이해하고, 재고자 하는 물건의 길이를 잴 수 있고 표준 단위인 cm로 물건의 길이를 말해 주는 것도 좋겠습니다. 길이와 무게를 비교하는 공부는 마트에 물건을 사러 갈 때처럼 평소에 개념을 잡아 주고 직접 만져 보고 들어 보며 체득하도록 해야 합니다. 500ml 우유가 200ml 컵에 어느 정도 들어 가고 몇 번 부을 수 있는지 직접 양을 비교하는 활동처럼 경험한다면 쉽게 이해하고 넘어 갈 수 있습니다.

실생활에서는 가게에 직접 데리고 가서 가격이나 중량을 직접 계산해 과자를 고르게 합니다.

"돈 1,000원이 있는데 과자를 500원어치 사 먹으면 얼마가 남을까?"

"이 과자는 50g에 1,000원이고 저 과자는 40g에 1,000원이네. 어떤 과자가 가격이 더 쌀까?"

쇼핑할 때, 가격을 비교하거나 거스름돈을 계산하는 것이 좋은 수학 학습 기회입니다. 두 가지 다른 과자의 가격을 비교하거나, 지불한 금액과 거스름돈을 계산하면서 덧셈과 뺄셈을 연습할 수 있습니다.

피자같이 나눌 수 있는 음식을 먹을 때도 수학을 동원합니다.

"우리 가족 4명이 피자를 두 조각씩 먹으면 4분의 1씩 먹는 거네."

분수의 개념을 자주 언급해 줍니다.

요리할 때 레시피에 따라 반 컵의 설탕이 필요하다면, 이것이 전체 컵의 어느 부분인지, 밀가루나 설탕을 저울로 무게를 재거나, 액체 재료를 컵이나 스푼으로 측정하는 활동을 통해 분수와 양에 대한 개념을 미리 접할 수 있습니다.

시계와 규칙을 찾는 부분은 새 교육과정에서는 따로 공부하게 될 것입니다. 시계는 측정 분야로 생각보다 어려워합니다. 1학년에서 몇 시, 혹은 몇 시 30분인지 완벽하게 읽을 수 있어야 2학년 때 몇 시 몇 분을 쉽게 읽고 얼마의 시간이 걸리는가 하는 문제를 해결할 수 있습니다.

시계를 보는 방법은 60초는 1분이고 60분은 1시간이며 이런 원리를 먼저 배우고 익히는 것이 아닙니다. 긴 시계바늘이 12에 있고 짧은 시계바늘이 1에 가면 1시라는 것을 먼저 배웁니다. 익힐 수 있는 방법은 모형 시계로 직접 시각을 맞추어 보는 것과 집에서 시계를 자주 접하는 것입니다.

스마트폰이나 전자시계로 시간을 알 수 있지만 수학 시간을 위해 필요한 공부임을 인식시켜야 합니다. 가끔 모형 시계로 시간 맞추기 게임이나 시계 카드를 만들어서 맞추기 놀이를 하면 더욱더 좋습니다.

평소 아이들에게 시계 읽는 방법을 생활 속에서 여러 번 함께 맞추어 보면 경험 속에서 배울 수 있어요.

"놀이 시간이 5시 30분까지야. 우리 시계를 한 번 맞추어 볼까?"

모형 시계로 부모와 같이 5시 30분을 맞추어 보고 실제 시계가 같은 모양이 되면 스스로 시간을 체크하거나 얼마나 남았는지 자연스럽게 탐구해 보도록 유도합니다. 평소에 시계 바늘에 익숙한 아이는 1학년 교과서의 시계 읽기를 쉽게 해결하고 넘어갑니다.

아이들이 주변 환경에서 다양한 도형을 인식하고 찾아내는 능력을 기르게 할 수 있어요. 집 주변이나 공원, 집의 물건 속에서 다양한 기하학적 형태, 사각형, 원, 삼각형 등을 찾아보고 그 특성에 대해 탐구해 보면 좋아요.

"창문은 사각형이야. 또 다른 사각형 모양을 찾아볼까?"

산책하거나 쇼핑할 때 '누가 더 많은 원을 찾을까?'와 같은 게임을 만들어 참여하게 해 보세요.

쿠키를 만들 때 도형 쿠키 커터를 사용하거나, 다양한 도형의 블록을 이용하여 구조물을 만들거나, 도형 퍼즐을 맞춰보는 활동을 통해 도형에 대한 이해를 높일 수 있습니다.

이러한 활동들은 아이들이 수학을 일상생활 속에서 수학적 개념을 친숙하게 만들고 실제 상황에 적용하는 데 필요한 기초적인 문제해결력과 논리적 사고를 개발하는 데 중요한 역할을 합니다.

여러 가지 모양에서 둥근 기둥 모양, 상자 모양, 공 모양 등 입체 도형과 동그라미, 세모, 네모 등 평면 도형을 배웁니다. 이때 특징을 여러 물건이나 장난감을 통해 익히고 가지고 놀도록 합니다. 둥근 기둥 모양을 통조림 모양처럼 나만의 이름으로 붙여 보고 다양한 명칭으로 부르는 활동도 좋습니다. 정해진 이름만 가르치는 것보다 스스로 알게 된 특징과 경험을 바탕으로 도형의 이름을 붙이는 것은 창의력을 키우는 데 도움이 됩니다.

장난감으로 2학년의 칠교놀이같이 조각으로 새로운 모양을 만들고 은물이나 레고처럼 입체도형을 쌓아 형태를 만드는 놀이를 많이 하게 하면 좋습니다.

2학년이 되어서 본격적으로 삼각형, 사각형, 원의 개념을 이해하고 특징을 설명하며 쌓기나무를 쌓은 모양에서 위치나 방향을 이해하고 말하는 공부로 이어지도록 해야 합니다.

둘째, 우리 아이 수학 실력에 맞는 선행학습과 연산 훈련을 하여 수학 친밀감을 키워야 합니다.

저학년의 수학에서 제일 중요한 것은 수 개념을 세우고 연산을 잘하는 것입니다. 숫자에서 수와 양에 대한 감각이 확고해지면 초등 수학을 문제없이 시작할 수 있어요.

어느 날 수학 학습지를 펴 들고 가르치는 것보다 기초적인 수 개념은 일상생활 중에 꾸준하게 배울 수 있도록 해야 합니다. 숫자세기와 수나 양의 크기 비교 등 일종의 선행학습이 유아기에 꾸준하게 이루어져야 합니다.

1학년 수학에서 제일 많은 부분을 차지하는 것은 덧셈과 뺄셈입니다. 덧셈과 뺄셈을 처음 배우면 다양한 방법으로 더하기와 빼기가 자주 등장합니다.

기본적으로 합이나 차를 구하는 방법을 물어보거나 다른 방식으로 어떻게 구할 수 있는지 물어보는 질문이 있습니다.

'덧셈의 합을 어떻게 구했나요?'

이런 문제를 만나면 아이들은 '그냥 덧셈을 한건데? 어떻게 구하다니?'하고 딱 막힙니다. 아이들이 제일 어려워하는 부분입니다.

연산을 하는 것보다 덧셈이나 뺄셈으로 문제를 해결하는 방법을 설명하고 문제를 풀 수 있는 다양한 방법을 찾는 것이 수학적인 감각을 익히기에 가장 좋습니다. 1학년은 기초적이므로 이렇게 답을 구하는 방법을 생각하는 것이 문제를 끝까지 푸는 과제 집착력이 생겨서 수학을 좋아하게 되는 계기가 됩니다.

덧셈과 뺄셈에서 가르기와 모으기라는 것부터 덧셈과 뺄셈을 시작합니다. 구체물로 이리저리 해 보면서 덧셈과 뺄셈의 개념을 생각하게 하면 됩니다. 10이 되는 수들을 잘 이해하고 가르기와 모으기를 통해 덧셈식과 뺄셈식을 만드는 연습을 해야 합니다.

일의 자리 덧셈부터 십의 자리 덧셈과 뺄셈을 할 수 있고 받아내림과 받아올림을 하는 방법을 배워나갑니다. 연산에서 꼭 이해하고 할 수 있어야 하는 부분이기에 미리 선행하고 복습하며 단단하게 만들어야 수학을 안전하게 할 수 있습니다.

2학년이 되어 두 자리 수의 범위에서 덧셈과 뺄셈을 하고 두 자릿수의 범위에서 세 수의 계산 방법을 알고 계산할 수 있도록 1학년에서 연산을 이어나가야 합니다.

재미없는 숫자 쓰기보다 좋아하는 레고 조각을 '엄마랑 같이 세면서 정리하기' 경쟁을 벌이면 저절로 배울 기회가 생깁니다.

입학 전에 수학 선행학습은 수학을 즐겁게 받아들이는 수학 친밀감을 키웠다면 반 이상 성공한 것입니다.

"저 수학 잘해요." 이런 자신감을 당당하게 말하는 아이와 "수학이 싫어요."라고 부정적인 말을 하는 아이의 수학 실력은 입학 초기에는 크게 차이나지 않습니다.

1학년 초에 비슷하게 수학 문제를 해결할 수 있는 능력이 있지만 아이의 수학 친밀감이 낮은 아이는 점차 수학을 멀리하고 문제를 풀기 어려워합니다.

유아기의 수학 공부는 아이의 성향에 맞게 연산 문제와 수학 관련 책 읽기를 즐겁게 시켜야 합니다. 만약 연산을 많이 틀리면 더 꾸준하게 양을 늘려가며 연산 훈련을 시키면 됩니다.

"이걸 틀리니? 한심해. 학교에 가면 꼴찌 할 거야?"

이런 짜증 내는 말과 갑자기 너무 많은 양을 시키는 성급함은 꼭 피해야 합니다. 그리고 수학 그림책을 찾아 아이에게 읽어 주고 수학적 사고력을 자극하는 질문을 하고 의문점을 탐구하게 하는 것이 필요합니다.

1학년에서 선행학습은 여름방학을 이용해서 하면 좋아요. 수학 익힘책 수준의 1학기 문제집을 풀었을 때 80% 정도 맞다면 2학기 선행을 해도 좋습니다. 부족한 점이 보인다면 1학기 모든 문제를 푸는 것보다 문제집의 단원 평가와 심화 단원 평가 정도만 풀어도 괜찮고 따로 문제집이 없다면 시도 교육청의 초등학습지원 사이트나 국가기초학력지원센터(https://k-basics.org/) 등을 사용하면 좋습니다. 이때 모르는 점은 부모가 설명해 주고 확실하게 알도록 지도해야 합니다.

2학기 선행을 하는 경우 기본 개념을 부모가 먼저 이해하고 생활 속에서 익숙해질 기회를 주는 것이 좋습니다. 만약 시계를 읽지 못한다면 글자만 있는 시계는 치우고 시계바늘에 익숙해지는 환경을 만들면 됩니다.

영후는 1학년 입학 후에 수학 시간이 되면 대부분 큰 소리로 "저 이거 학원에서 다 배웠어요."라고 하고 대충 빨리 풀고 놀며 주변 친구를 방해했습니다. 문제는 오답률이 높다는 것이죠. 영후는 이미 배웠다는 자신만만함과 또 하기 싫다는 마음으로 억지로 문제를 풀었기 때문에 기본적인 문제조차 오답률이 높았어요. 정말 수학을 잘하는 아이는 선행을 해도 즐기며 문제를 해결합니다.

"아는 문제를 또 풀면 수학을 더 잘할 수 있어. 네가 생각하는 다른 방법으로 풀어 볼래?"

문제를 풀기 싫게 만드는 것보다 수학을 제 속도로 배우는 것이 더 좋을 것 같습니다.

선행을 했다고 공부 시간에 집중하지 않는 것은 피하도록 교과서와 비슷한 문제 중심 선행보다 문제해결력을 높일 수 있는 다양한 형태를 접하도록 하여 학교 수학 시간에도 흥미를 가질 수 있도록 해야 합니다.

수학을 잘한다고 생각하는 아이는 보통 어려운 문제를 풀기 때문에 수학이 재미있어지고 학습의욕이 점점 올라갑니다. 반면 수학이 어려운 아이는 공부에 대한 즐거움을 경험하지 못합니다. 틀릴 것 같은 두려움으로 수학 시간이 싫기만 합니다.

아이 스스로 수학을 잘한다고 느끼면, '나는 수학을 잘하는 아이야.'라고 스스로 설정하고 수학을 대합니다. 수학의 경험이 긍정적이고 도전적이라면 실패를 간혹 해도 금방 회복하고 재도전할 수 있어요. 그런 긍정적인 수학 경험을 만들어주는 것은 저학년의 연산입니다.

연산은 일종의 훈련입니다. 방법을 알면 반복적으로 꾸준하게 하면 연산능력이 점점 좋아집니다. 그래서 매일 꾸준하게

1쪽이라도 하라고 이야기합니다.

시중에 나와 있는 많은 문제집이나 인터넷 상에 무료 연산 사이트를 활용하여 연산을 하면 긍정적인 수학 경험이 쌓이면서 2학년으로 넘어가면 조금 어려운 것이 나와도 도전하려는 자세가 생깁니다. 그런 수학 경험이 부족한 아이는 조금만 어려워도 도전은 고사하고 쉬운 문제도 스스로 해결하려는 시도를 하지 않습니다.

연산을 처음 시작할 때는 정답을 맞추면 동그라미를 크게 그려 주면 좋습니다. 하나하나 동그라미를 그려주는 것보다 맞는 것을 최대한 모아서 큰 동그라미로 그려 주고 틀린 것은 그 자리에서 고쳐보도록 합니다. 그리고 특별히 별표를 쳐 줍니다.

"우리 지아가 수학을 잘하게 도와주는 별님들이야. 반짝반짝."

학교에서 받아쓰기나 학습지에 큰 동그라미 하나만 그려 주면 너무 좋아합니다. 다 맞았다는 의미이니까요.

연산을 할 때 처음에는 부모와 함께 입으로 계산해 봅니다. 어느 정도 방법이 익숙해 지면 머리 속으로 암산을 하도록 유도하면 좋아요. 암산을 하면 실수를 하는 경우가 많아 암산을 못하게 하고 손가락을 사용하는 아이들도 있지만 수학을 잘하는 아이들은 대부분 암산에 익숙한 경우가 많아요.

그래서 그냥 머릿속으로 풀기 어려워하는 아이라면 먼저 입으로 계산하는 과정을 머릿속 말로 해 보게 하여 암산을 익숙하게 만들어요. 이렇게 암산을 하는 경우 계산식을 손으로 적지 않아 기억력과 계산력이 좋아지고 수학적 사고력이 쌓이게 됩니다. 이때 계산 실수를 하면 절대로 혼내거나 화를 내고 실망하는 부모의 모습을 보이면 안 됩니다. 이제 수학을 시작하는 아이에게 이런 반응은 부정적인 수학 경험을 만들기 때문에 부드러운 얼굴로

"다시 해 볼까?"

답을 고치게 하면 됩니다. 그렇다고 실수를 언제까지나 용인하라는 이야기는 아닙니다. 주의력 깊게 문제를 보지 않아서 틀리는 경우는 정확하게 풀 수 있도록 대책을 강구해야 합니다.

저학년 때 연산이 편해지면 스스로 긍정적인 수학 경험을 바탕으로 자신감이 생기고 고학년이 되면 실패 경험을 부끄러워하지 않고 더 좋은 방법을 찾기 위해 노력하게 됩니다.

자신이 틀린 부분을 어떻게 하면 맞게 풀지 고민하는 것이 수학적 사고력의 시작이며 그 과정이 쌓이면 수학 문제를 자기만의 방식으로 끝까지 풀 수 있어요.

수학을 잘하는 아이는 이때까지 풀어 본 많은 방식의 문제 중 비슷한 방식을 생각해 내고 가장 좋은 방법으로 문제를 풀어냅니다. 그런 기반을 닦는 활동을 연산을 통해 만들어 주세요.

셋째, 어렸을 때부터 그림책이나 수학퍼즐, 보드게임 등을 통해 수학에서 창의적인 문제 해결을 하고 그 과정을 설명하는 습

관을 만들어야 합니다.

규칙찾기는 사고력 수학과 수학퍼즐, 보드게임에 많이 활용됩니다. 제시된 규칙을 찾는 것은 문제를 해결하려는 적극적인 태도를 가져야 보이는 것이기 때문에 어른이 보기에는 쉬운 규칙이라서 먼저 짚어 주는 것은 절대 안 됩니다.

새로 산 옷에서 무늬의 규칙을 찾거나 도로의 무질서한 차들 속에서 규칙을 찾는 것처럼 무심하게 주변의 규칙을 인식하게 만들어 주세요. 아이가 규칙을 이야기할 때 틀린 규칙을 찾아 말할 때는 부정보다는 우선 인정해 주세요.

"너는 그렇게 생각했구나. 잘 찾았어. 아빠는 세모, 네모 이런 것이 보였는데 너는 어때?"

규칙을 찾고 나면 규칙을 만드는 것도 중요한 공부입니다. 이것은 창의력을 기본으로 합니다.

가능성을 열어 두어야 브레인스토밍을 통한 다양한 규칙이 나오게 됩니다. 그런 자세가 되어야 중, 고등까지의 어려운 수학을 잘할 수 있습니다.

수학의 사고력은 그림책을 읽어 주면 자라나는 국어 능력이 바탕이 됩니다. 풍부한 어휘력과 줄거리를 잘 정리하여 말하는 언어적 능력이 있어야 문제를 풀 때 논리적 사고력을 펼칠 수 있어요.

문제를 읽고 스스로 해석을 하고 문제를 어떻게 풀었는지 설명할 수 있어야 합니다. 그렇지 못한 자녀에게 문제를 풀기 전에 미리 함정이나 어려운 점을 짚어 주며 말하는 친절한 부모보다는 필요한 개념만 알려 주는 것이 좋아요. 읽지 못하는 단어의 뜻만 설명해 주고 종합해서 푸는 것을 반복하면 됩니다.

다 풀고 나면 어떻게 풀었는지 말하게 하면 스스로 틀린 점과 더 좋은 방법을 탐구할 수 있습니다. 그리고 아이의 언어 수준에 맞는 그림책을 꾸준하게 읽어 주세요. 사고력 문제나 문장제 문제를 풀기 어려워하는 아이라면 더욱더 그림책을 많이 읽어 주어야 합니다.

연산 문제와 문장제 문제를 충분히 풀고 현재 학교 진도에 맞게 예복습을 무리 없이 하고 있다면 사고력 문제나 수학퍼즐을 푸는 것을 권장합니다. 이때 문제 정답지에 나오지 않는 방법으로 정답을 찾는 아이의 태도를 크게 칭찬해야 합니다. 정해진 답을 찾는 것이 아니라 답을 찾는 과정이 다양하다는 것을 배우기 위해 수학퍼즐이나 사고력 문제를 풀기 때문입니다.

평소보다 좀 어려운 문제이지만 생각 습관이 달라져야 하고 수학뿐만 아니라 국어와 과학 등 다른 학문 영역의 융합하는 능력이 필요하기 때문에 사고력 문제나 수학퍼즐은 아이에게 좋은 효과가 있어요.

창의적 문제 해결은 수학적 사고와 이해를 깊게 하며, 문제를 다양한 방식으로 접근하고 해결하는 과정에서 학생들이 수학적 개념과 원리에 대한 더 깊은 이해와 유연성을 개발할 수 있게 합니다. 동시에, 수학퍼즐 및 사고력 문제는 단순히 읽는 것이 아니라 문제를 해결하기 위해 자신의 생각을 명확하게 표현하고, 출제자의 의도를 이해하고 통합하는 언어 이해와 표현 능력을 배양하게 됩니다. 이는 국어 교육에서 중요한 의사소통 능력과 긴밀하게 연결됩니다.

또한, 문제를 푸는 창의적인 접근은 과학에서 과학적 탐구와 실험에 필수적이며, 과학적 문제를 해결하는 능력을 키우도록 도울 수 있습니다. 과학 시간에 학생들은 가설을 세우고, 다양한 실험 방법을 고안하며, 결과를 분석하는 데 창의성을 발휘하게 됩니다. 이는 과학적 사고력과 탐구 능력을 발달시키는 데 중요한 역할을 합니다. 따라서, 초등학교 1학년 때부터 이러한 능력을 키우는 것은 아이들의 전반적인 학업 성공과 개인적 성장에 크게 기여할 것입니다.

AI 시대를 살아갈 우리 아이들이 선두에 서서 세상을 즐기며 개척할 수 있는 방법을 알아 보았습니다.

긍정적인 수학 친밀감을 쌓도록 부모의 의도적인 노력과 허용적이면서 일정한 학습 시간을 유지하는 것을 잊지 말아야 합니다. 수학의 선행학습은 아이를 객관적으로 바라보며 수준을 정하고 절대로 주변의 눈을 인식하지 않아야 합니다.

'옆 집 아이는 이것보다 더 어려운 것을 선행하고 있는데….'

이런 비교하는 심리가 생기면 우리 아이만 어려워집니다. 꾹 참고 차근차근하다 보면 금방 추월도 가능합니다.

그리고 어렵다고 하지 않으려는 사고력 문제, 수학퍼즐, 보드게임을 꾸준하게 접해서 전략적으로 문제를 해결하고 진취적인 도전 정신을 길러 주어야 합니다.

초등 영어 공부

1학년이 영어 공부를 즐겁게 할 수 있는 방법

우리 아이들이 영어를 기피하고 힘들어하는 이유에는 부모의 맹목적인 선행학습이 큰 몫을 차지하고 있습니다.

"나는 못하지만 너는 영어를 잘해야지. 무조건 잘해야 하니까 참고 해."

"큰아빠처럼 영어를 잘하면 취직도 잘 되고 여행가서 좋아."

이런 말로 우리 아이들에게 영어를 강요하고 있지 않나요?

1학년 부모들에게 영어는 어떤 의미일까요? 학교에서 아직 배우지 않는데, 부모는 잔뜩 신경을 써야 하는 교과목입니다. 영어 유치원을 막 졸업한 아이는 영어 감각을 잊지 않으려고 노력합니다. 영어를 전혀 하지 않던 아이는 초등학생이 되었으니 시켜야겠다고 생각합니다. 같은 반 아이의 엄마 말을 들으니 우리 아이만 영어 공부를 안 하는 것 같아 불안해서 방문 영어라도 시켜 봅니다.

우리나라 사람들의 영어에 대한 극성스러운 짝사랑이 만들어낸 풍경이라 생각합니다. 원어민과 영어 몇 마디 주고받기 위해 영어를 쓸 것 같은 외국인에게 과하게 친절한 사람들이 많지요. 우리나라에서 10년을 살았던 어느 외국인이 한국어를 한 마디도 몰라도 너무 편하게 살았다고 하는 이야기는 얼마나 영어에 목마른지 바로 보여 줍니다.

유치원뿐 아니라 1학년에게 국어가 먼저일지 영어가 먼저일지 질문을 하면 대부분 이렇게 대답합니다.

"영어가 중요하죠. 어렸을 때 배워야 언어는 쉽게 배운다고 하잖아요."

그럼 우리말, 국어는 자연스럽게 할 수 있는데 어렸을 때 배우지 않아도 될까요?

1학년에서 영어를 잘하려는 방법은 국어 교과서를 공부하는 것입니다. 1~2학년에서는 총 5,700여 개의 어휘를 알아야 한다고 국립어학원의 연구 자료에 나와 있습니다.

언어는 낱말 뜻을 모르면 문장이 되지 않아 익히기 어렵습니다.

'안녕하세요?'라는 우리말의 뜻을 알기 때문에 'hello?', 'こんにちは' 같은 언어를 배울 수 있는 것입니다.

5,700여 개의 어휘를 우리 아이가 과연 알고 있는지 점검해 보아야 합니다.

모국어가 영어가 아닌 우리나라 초등학교에서 필요한 어휘를 다 익히지 못하여 친구들의 말이나 선생님의 지시를 원활하게 알아듣지 못한다면 어떻게 될까요?

공부 시간에 선생님의 설명을 이해하지 못하고 평가에서 좋은 성적을 받을 수 없어요. 친구들의 말을 바로바로 이해하지 못하면 친구들의 수다에 끼이기 힘들고 뜬금없는 말로 친구들의 눈총을 받을 수 있습니다.

조기 영어교육을 받은 아이 중 분명 또래보다 발음이 좋고 영어에 대한 두려움을 극복한 아이들이 있습니다. 반면 영어로 유치원 생활을 하면서 하고 싶은 말은 있지만 영어로 말을 할 수 없어서 영어에 대한 자신감뿐 아니라 모든 생활에서 자존감이 낮아서 또래와 어울리지 못해 마음이 아픈 아이들도 많습니다.

외국에서 어린 시절을 보내고 왔다거나 다문화 가정의 아이 중에 어휘가 부족하고 언어 경험이 적어서 '한눈팔다'같은 우리 말 상식을 잘 알아듣지 못하는 경우가 종종 있었습니다. 보통 아이들 중 유치원과 1학년 때 국어에 신경을 쓰지 않고 영어에 집중하면 고학년이 되어서 오히려 영어의 발전이 더딘 경우가 있습니다. 국어는 공부를 하기 위한 도구교과이기 때문에 영어, 수학 등 여러 과목에서 문제가 생길 위험이 큽니다.

솔직하게 1학년 아이들의 영어는 엄마의 승부욕 때문에 힘든 부분이 많습니다. 옆집의 잘하는 아이를 쫓아가거나 그 잘하는 아이가 들어간 영어학원의 레벨을 위해 과외까지 시키며 닥달하는 것은 절대 아이를 위한 것은 아니지요. 엄마들의 사이에서 아이를 자랑거리로 삼는 것은 아이가 영어를 싫어하게 만드는 지름길이 될 수 있어요.

욱이는 1학년 중반부터 처음 영어를 시작하여 2학년이 끝날 때쯤 유명한 영어학원에 가서 레벨 테스트를 받았어요. 욱이 엄마는 학원을 다녀와서 너무 기분이 좋았어요.

"어머니, 외국에서 살다 오셨어요?"

"아뇨. 그런 적 없어요."

"그런데 욱이가 영어를 너무 잘하네요. 발음도 좋고 어휘력도 풍부하고 청취랑 글쓰기도 잘 되네요."

"아니… 집에서 시킨 것뿐인데요."

모든 엄마가 꿈꾸는 말을 들은 욱이 엄마는 기분이 좋았습니다.

욱이의 형은 2년 전에 같은 영어학원에서 겨우 자기 학년에 맞는 반에 배정받았어요.

"선생님, 첫째는 영어 유치원에 영어학원을 보내도 영어를 힘들어했어요. 선생님 권유대로 하면서도 의문점이 좀 있었거든요. 그런데 영어 레벨이 이렇게 나오다니 진짜 신기합니다."

욱이는 책을 많이 읽어서 어휘력이 풍부한 아이였어요. 그 결과 영어와 관련 높은 언어적 감각이 높아진 것이죠. 형은 수학을 잘하고 책 읽기보다는 축구를 좋아하는 활동적인 아이였어요.

영어 유치원을 보내고 영어학원에서 힘들어하는 모습을 보고 둘째까지 같이 보낼 수 없었지요. 욱이 엄마는 입학 후에 쉬우면서 재미있는 그림이 많은 영어 그림책을 듣게 하고 욱이가 읽고 싶어 하는 영어 그림책이나 과학 그림책들을 읽어 주거나 영어 오디오를 들려 주었어요. 형이 필요한 영어책을 사러 가면서 데리고 가 흥미로워하는 영어 그림책을 사 주었어요.

"일단은 듣기부터 시키세요."

듣기를 할 때 혼자 하는 것이 아니라 부모가 보이는 곳에서 들어야 합니다. 욱이가 자유롭게 듣는 모습을 본 형이 함께하다 보니 영어를 싫어하는 모습도 점차 사라졌다고 합니다.

영어는 살아 움직이는 유기체와 같아서 학습자의 상황에 따라 다르게 익혀야 습득이 됩니다. 영어 공부는 쉽게 시작하고 그 시작점을 아이가 찾아야 합니다. 읽고 싶은 그림책을 사 오면 관심을 가지고 읽고 들어요.

듣기를 자유롭게 해서 '듣기 영어 그릇'의 용량이 차고 넘치면 좀 더 큰 '들으면서 읽기' 영어의 그릇으로 옮겨 담아서 글자와 매칭하며 읽기를 시켜 보세요.

처음 듣기를 시작할 때 부모는 아이가 그림을 보며 들을 때 글자도 같이 짚어 주다 보면 자연스럽게 영어 단어를 익히게 되는 것이죠. 눈으로 읽던 단어를 어느 순간 자연스럽게 소리를 내게 됩니다. 그다음은 혼자서 쉬운 수준의 그림책을 소리 내어 읽기를 하면 됩니다.

처음에는 오디오를 들으며 조금 늦게 따라 읽는 섀도잉 리딩을 하고 점차 혼자 읽기로 넘어가면 됩니다. 혼자 읽을 때 아이가 원하는 책을 준비하거나 빌려주는 것이 중요해요. 욱이의 경우에는 쉬운 책으로 따라 읽다가 실력이 늘게 된 것은 포켓몬 카드처럼 책 속에 포토 카드가 들어 있는 책을 좋아했기 때문이었어요. 제법 글밥이 있는 책이라 욱이 엄마는 과연 읽을 수 있을까 걱정했지만 포토 카드를 모으기 위해 섀도잉 리딩을 하면서 점차 혼자 읽을 수 있는 수준까지 발전했다고 합니다. 이렇게 엄마표 영어를 아이에게 맞추어 즐겁게 하면 됩니다.

모든 것이 다 그렇듯 영어 공부도 시킬 때 도를 닦는 기분으로 시켜야 합니다. 모든 공부나 그림 그리기, 만들기, 요리 같은 활동을 할 때 누군가 화를 내거나 혼을 내면 학습 효과가 떨어지기 마련입니다.

현재 어른들은 영어를 오랜 기간을 배웠지만 영어에 자유롭지 못합니다. 그래서 아이를 끌고 가려는 마음이 강합니다. 그 마음에 혼내고 엄하게 말을 하는 편이죠.

초등 1, 2학년 같은 저학년이라면 너무 일찍부터 어렵고 양이 많은 영어학원 과제에 부모와 아이가 모두 치이는 것보다 그림책 읽기부터 다양한 책을 읽으며 그림 일기쓰기와 주제에 맞는 말하기와 올바른 듣기를 할 수 있는 국어 능력을 키우는 것이 먼저입니다.

즐거운 영어가 되어야 하고 아이의 배우고 싶어 하는 의지가 필수적입니다. 영어를 배우면 좋은 점이 생기도록 평소에 동기부여를 꾸준하게 해야 합니다.

손흥민 선수를 좋아하는 아이라면 영국의 구단에 방문해 보겠다, 디즈니 시리즈를 좋아하는 아이라면 미국의 디즈니랜드를 가고 싶다 등등 즐거운 동기부여와 영어의 수준과 방향을 잡는 주체는 우리 아이가 되어야 영어의 트로피를 받을 수 있습니다.

엄마표 영어

많은 부모에게 영어가 왜 중요할까요? 그 이유는 영어에 자유로운 우리 아이를 꿈꾸기 때문이라 생각합니다. 영어는 커뮤니케이션을 하기 위한 도구입니다. 외국인을 만나서 어려움 없이 이야기하고 웃고 놀고 업무나 물건 사고 파는 것 같은 소통을 하기를 원합니다. 기존 영어교육으로는 그런 커뮤니케이션을 원활하게 하기 어렵기 때문에 다양한 이론과 방법이 거론되어 왔습니다.

어머니들 사이에서 영어 교육의 중요성이 강조되는 가운데, 우리는 초등학교 1학년 학생들에게 국어와 영어 중 어느 것이 더 중요한지에 대해 고민해 볼 필요가 있습니다. 영어를 빨리 배워야 좋다는 이야기만 듣고 서둘러 시작하지 않고 방향을 잘 세워야 합니다.

첫째, 초등학교 1학년은 언어의 습득과 언어의 학습을 같이 해 나가야 합니다. 모국어는 개인의 정체성 형성, 사고력 발달, 그리고 사회적 소통의 기초가 됩니다. 언어학자 노암 촘스키는 모국어 습득이 인간의 본능적인 능력 중 하나라고 주장하며, 어린 시기에 자연스러운 환경에서 언어를 배우는 과정이 매우 중요하다고 강조합니다. 촘스키의 이론에 따르면, 어린이들은 타고난 '언어 습득 장치(Language Acquisition Device, LAD)'를 가지고 있어, 주변 환경에서 언어를 자연스럽게 습득합니다.

언어의 습득은 언어를 사용하는 환경에서 자연스럽게 나도 모르게 배우는 것이고 모국어를 배우는 방식입니다. 입학 하기 전 자연적으로 모국어를 충분히 습득하는 것은 기초적인 바탕이며 앞으로 영어를 학습할 수 있는 토양을 만드는 것이죠.

영어를 학습하는 것은 계획적이고 의도적인 활동으로 학습 목표가 있고 책이나 노래, 영화 등을 활용하는 과정입니다. 이런 언어 학습은 꾸준하게 이루어져야 하고 학습자가 의식하고 배우면서 학습자에게 맞는 방법을 적용해야 효과가 높습니다.

언어 학습을 하면서 언어 습득이 같이 되어야 자연스럽고 유창한 표현이 가능해집니다. 수많은 엄마표 영어가 잘 되는 이유가 바로 여기에 있어요.

엄마표 영어는 엄마의 의도적인 교육과정을 가지고 있어요. 듣기부터 시작해서 읽기, 쓰기로 이어지는 활동 중 처음 시작은 평소에 표시나지 않게 시작하는 영어 습득이지만 차츰 영어 학습이 이루어집니다. 영어를 배우는 학습의 중간 중간에 습득이라 부르는 영어 환경에 노출되어서 영화를 보고 노래를 흥얼거리게 됩니다.

어릴수록 효과가 있다고 너무 어릴 때부터 영어에만 올인하면 초등학교에 입학한 후 국어에서 문제가 생길 수 있습니다. 유아기는 영어를 효과적으로 배울 수 있는 시기도 맞지만 더 중요한 모국어를 습득해야 하는 시기입니다. 모국어를 바탕으로 다른 언어에 대한 호기심과 흥미를 발전시킬 수 있도록 도움을 주어야 합니다.

영어와 같은 제 2언어 학습에 있어서도 어린 시기가 중요한데, 이는 언어 습득의 '민감한 시기(Critical Period)'와 관련이 있습니다. 언어학자 스티븐 크라센은 민감한 시기 동안 언어 노출이 이루어질 때, 언어 습득이 더 효과적이고 자연스럽게 이루어진다고 주장합니다. 특히, 초등학교 저학년 시기는 언어 학습에 있어 민감한 시기로 볼 수 있으며, 이 시기에 다양한 언어에 노출되는 것이 중요합니다.

영어를 1학년 입학 후에 시작해도 늦지 않고 유아기부터 해왔다면 더욱 좋겠지요. 초등학교 공부를 시작하는 시점에서 국어에 좀더 무게를 두어야 학교 공부에 따라가기가 수월합니다. 학교에서 돌아와 저녁의 3시간이 주어진다면 어떻게 나누어서 활용해야 좋을까요?

매일 같은 공부를 할 수 없지만 언어는 매일 꾸준하게 조금씩 해야 한다고 하니 영어 듣기와 읽기를 시키는 경우가 많아요. 국어공부도 같이 해 나가야 합니다. 국어도 언어이니까요.

국어적인 능력이 뛰어난 아이가 영어도 잘한다는 것을 생각하며 영어도 습득과 학습의 과정을 같이 해 나가면 됩니다.

둘째, 엄마표 영어를 우리 아이의 수준에 맞는 목표를 세우고 꾸준하게 해 나가야 합니다.

'영어를 배워서 미국 여행을 같이 가 보자.'

이런 목표도 좋습니다.

'재미있는 영어 그림책을 혼자 읽어 보자.'

이런 목표도 좋아요. 아이와 함께 만들고 시작해 보세요. 방향을 정한 공부가 더 빨리 학습 목표를 완성하기 마련입니다.

엄마표 영어를 운영하는 방법은 수많은 책과 사이트에서 안내하고 학년별로 권장 도서나 동요, 애니메이션 목록들이 웹상에 많이 있습니다. 어떤 방법이 더 좋다는 따지기 전에 엄마표 영어의 목표를 세우고 꾸준하게 해야 하고 운영 원칙을 세우는 것이 중요합니다. 운영 원칙은 자녀 수준과 가정의 상황에 따라 맞게 세우면 됩니다.

기본적 원칙 중 하나는 매일 아이와 함께 영어 그림책을 읽거나 듣는 시간을 가질 때 배경지식이나 흥미 유발을 해야 합니다. 아직은 영어에서 사용되는 어휘를 한글로 모르고 영어 자체로 이해하기 어려운 아이라면 부모는 책 속의 흐름을 아이에게 설명해 주거나 궁금한 것을 질문을 하거나 질문을 받는 것이 좋습니다. 모르는 내용을 무작정 처음부터 영어 듣기부터 시키는 것보다 대충 어떤 이야기인지 흥미 유발을 시키거나 한글로 번역된 그림책을 먼저 읽어 주는 것이 문해력이 부족한 1학년에게 더 효과적입니다.

소리를 들으며 가만히 앉아 있는 것보다 움직이고 따라하는 역동적인 영어를 원칙으로 하면 좋아요. 어른도 여행을 가서 제일 어려운 것이 입을 떼는 것입니다. 첫날은 어렵지만 여행이 끝날 때쯤에는 현지의 분위기에 젖어서 자연스러운 대화가 가능한 것은 몸을 움직이고 문화에 익숙해져서 가능한 것입니다.

가만히 앉아 듣지 말고 부모와 함께 영어 동요를 들으며 춤을 추거나 영어 애니메이션을 보면서 주인공 역할을 직접 해 보는 역할극을 하면서 살아 움직이는 등장인물이 말하는 입체적인 영어를 배우게 해 주세요.

다음 원칙으로 자연스러운 노출 시간을 늘리자는 것입니다. 아이가 놀거나 자동차로 이동할 때 영어그림책 오디오, 영어 동요를 들려주거나 애니메이션을 보여 주면 영어에 노출되는 시간이 많아지고 자연스러운 어조가 몸에 배어서 영어 발음이나 톤이 좋아집니다.

늘상 영어가 흘러나오는 것도 좋지만 특정한 시간이나 행동, 장소에서 영어 노래, 영어 그림책 오디오, 영어 애니메이션을 접하게 하는 것이 좋아요. 예를 들어 장난감으로 노는 시간에 영어 동요를 듣는 습관을 만든다면 아이는 놀기 전에 아이 스스로 영어 동요를 고르고 듣게 됩니다.

식사 시간이나 자녀와 눈을 맞추고 대화하는 시간에는 오늘의 일상을 이야기하며 질문하고 답하는 마음을 나누는 시간을 만들어 보세요. 영어를 시킨다고 밥먹는 시간까지 영어를 듣게 하면 부모와의 안정적인 교류의 시간이 없어질 수 있어요. 영어에 투자하는 시간의 양보다 시간의 질에 집중해 주세요.

마지막 원칙으로 그림책이나 오디오를 준비하는 비용의 합리적인 선을 정하여 부담스럽지 않고 꾸준하게 이어갈 수 있는 방법을 찾는 것입니다.

유튜브 같은 인터넷상 자료를 활용하거나 도서나 오디오를 빌려주는 대여점이나 도서관을 활용하는 것도 좋아요. 반짝 잠깐 열심히 하다가 생각보다 돈이 너무 많이 들어서 포기하는 경우가 종종 있어요. 영어 그림책이나 오디오를 중고로 구입하는 것도 좋은 방법이고 한꺼번에 많이 마련하는 것보다 한두 개씩 새로운 것을 제시하는 것이 좋아요. 영어의 학습을 위해서 부모의 적극적인 관심과 지속적인 지원이 필수입니다.

셋째, 영어를 공부하는 시간은 무조건 즐거워야 합니다.

아이 스스로 영어를 하겠다는 의지를 심어주는 것이 제일 중요합니다. 의무이자 습관으로만 굳어지면 안 됩니다. 즐겁고 신난다는 인식이 생길 수 있도록 책을 읽거나 들을 때는 다정하게 말하고 관심을 가지는 시간이 되어야 합니다.

엄마표 영어를 진행할 때는 아이와 함께 매일 정해진 시간에 영어 그림책을 듣고 읽는 시간을 가지세요. 영어 그림책을 읽어주는 책을 읽으면서 모르는 단어나 표현에 대해 함께 탐색하고, 스토리에 대한 아이의 생각을 간단하게 영어로 말해 보도록 유도해 보세요. 이 방법은 아이들의 어휘력과 문장 구성 능력을 자연스럽게 향상시킬 수 있습니다.

1학년에서 영어와 국어를 모두 잡고 싶다면 그림책을 활용하는 것을 추천해 드립니다. 우리나라에 출간된 그림책 중 영어 원문 그림책이 있는 경우가 많습니다. 앤서니 브라운의 《고릴라》 같이 친숙한 그림을 영어와 한글로 둘 다 읽어 주는 것입니다. 영어 그림책은 원어민 발음이 좋겠지요. 이렇게 읽어 주면 두 그림책의 차이점과 공통점을 찾아내는 재미가 있고 우리말에서 '나 영화 보러 가고 싶어.' 가 영어에서는 'I'd love to go to the movies.'라는 것을 알게 됩니다. 우리 아이의 수준에 맞는 그림책부터 차근차근 한글 영어책과 영어 그림책을 읽어 나간다면 가재 잡고 도랑 치는 모양이 될 것입니다.

영어 노래와 챈트를 함께 부르며 리듬과 발음을 익히는 활동도 매우 유익합니다. 음악은 언어 학습에 재미를 더하고, 리듬과 멜로디를 통해 아이들이 새로운 단어와 구문을 쉽게 기억할 수 있게 도와줍니다.

식사 시간이나 산책할 때와 같이 일상생활 속에서 영어로 간단한 대화를 나누는 시간을 만들어 보세요. 부모의 훌륭한 영어 회화 실력이 중요한 것이 아니라 틀려도 웃으며 마음이 통하는 영어를 실생활 속에서 사용해 보는 경험을 만들어 줄 수 있습니다.

영어 학습을 위한 앱이나 온라인 자료를 활용하여 학습의 다양성과 흥미를 높이면 좋아요. 이러한 디지털 자료는 아이들이 흥미를 가지고 언어를 학습할 수 있는 다양한 게임, 퀴즈, 인터랙티브 스토리 등을 제공하니까요. 단, 부모가 함께 하면서 시간을 조절하는 것이 좋습니다.

집 안에 그림 카드를 아이와 함께 만들어 붙여 보세요. 아이가 나중에 그림일기에 사용할 수 있는 기본적인 단어를 함께 배울 수 있어요. 예를 들어, 'cat', 'sun', 'happy' 같은 간단한 단어들을 시작으로 할 수 있습니다. 그림 카드를 보면서 아이가 그림을 설명하는 간단한 문장을 함께 만듭니다. 처음은 단어만 사용하지만 부모와 영어로 주고받으면 차츰 "I see a cat." 또는 "The sun is bright." 같은 문장을 사용할 수 있습니다. 영어 습득으로 쌓인 어휘가 불쑥 튀어나오는 신기한 경험을 하게 됩니다.

제일 중요한 부모님과 함께하는 복습 시간을 꼭 가지세요. 아이가 그린 그림일기나 이야기를 바탕으로 그날의 활동에 대해 영어로 이야기하는 시간을 가집니다. 한두 문장이라도 이야기하다 보면 아이가 영어로 소통하는 능력을 키우는 데 도움이 됩니다. 부모의 발음보다 부모의 사랑으로 영어를 더 긍정적이고 행복하게 느낀다면 스스로 더 잘할 수 있어요.

이와 같은 세 가지 방법은 아이들에게 영어 학습을 더 접근하기 쉽고 재미있게 만들어 줍니다. 부모와 함께하는 영어 학습은 아이들에게 안정감을 주고, 학습에 대한 긍정적인 태도를 형성하는 데 큰 도움을 줍니다.

다시 강조하지만 영어를 학습하는 과정에서 가장 중요한 것은 아이들이 흥미를 느끼고, 자신감을 가지며, 지속적으로 학습할 수 있는 환경을 조성하는 것입니다. 부모의 지원과 격려는 아이들이 영어를 즐겁게 배울 수 있는 원동력이 됩니다.

학원의 과제를 하지 않아서 아이에게 화를 내고 스트레스를 받는 것보다 부담스럽지 않고 차츰 젖어 드는 엄마표 영어교육 과정을 만들어 보세요. 교육과정은 어려운 것이 아닙니다. 사전에 어떤 영어 그림책으로 이어갈지 어떤 영어 동요나 배우는 내용에 음을 붙여 쉽게 익히는 영어교육 방식인 챈트(chant)가 좋을지 선별하면 됩니다. 최소 한두 주라도 엄마의 영어 공부 로드맵이 있어야 합니다. 하다가 수정하면서 꾸준하게 이어가 보세요. 평소 부모의 관심과 사랑이 아이들의 영어 학습 여정에 큰 힘이 됩니다.

초등 과학 공부

과학은 의료 혁신부터 통신 및 교통 혁신까지 우리 삶의 질을 향상시키는 기술 발전을 주도합니다. 기후 변화와 오염에 대비하고 의학 연구를 통한 건강한 삶을 누리도록 돕고 자연 세계를 연구하고 우주의 경이로움까지 탐구합니다.

이렇게 도움이 되는 과학은 어릴 때부터 과학과 관련된 경험을 풍부하게 하면 나중에 과학 개념의 견고한 기반을 마련하는 데 도움이 됩니다.

초등학교부터 과학관을 가서 관람과 체험 활동을 하거나 로봇 관련하여 만들기를 해 보고 영재학급에 들어가 프로젝트 발표에 참가하는 등 작고 큰 경험을 쌓아가는 학생들 중에서 과학

고나 영재학교에 진학하는 경우가 많습니다.

과학은 읽고 쓰는 능력이 기본으로 모든 학년에서 가르치는 모든 학문과 연결되어 있고 아이가 세상을 이해하도록 도와줍니다. 그런데 1학년 부모들은 수학이나 영어에 비해 과학을 어떻게 시작해야 할지 막막하게 생각하는 경우가 많았어요.

첫째, 자녀들에게 스토리가 있는 과학 그림책이나 과학 잡지를 읽어 주세요. 부모와 자녀 사이의 유대감을 강화하고 아이들의 호기심을 자극하여 주변 세계에 대한 자연스러운 관심을 키울 수 있습니다. 과학책은 아이들을 바다 깊은 곳에서부터 우주의 먼 곳까지 놀라운 여행을 떠날 수 있게 만들어요.

과학 그림책은 복잡한 개념을 이해하기 쉽게 설명하고, 그림을 통해 아이들이 쉽게 접근할 수 있게 도와줍니다. 이러한 책들은 아이들이 읽고 이해하는 능력을 향상시키며, 비판적 사고와 창의성을 발달시키는 데 도움을 줍니다.

아이 수준에 맞는 과학 관련 책이나 잡지는 아이들에게 과학적 방법을 소개하며, 관찰, 가설 설정, 실험, 결론 도출과 같은 과정을 통해 문제에 체계적으로 접근하는 법을 가르칩니다. 이러한 접근 방식은 아이들이 논리적으로 사고하고, 다양한 과목에서 학습 능력을 향상시키는 기초를 마련합니다.

또한, 과학 도서는 어린이들이 새로운 단어와 개념을 배우며 어휘력을 확장하고, 언어 능력을 개발하는 데 도움이 됩니다.

복잡한 개념을 시각화하고, 아이들이 쉽게 이해하고 기억할 수 있고 의사소통을 하고 자신의 생각을 표현하는 방법을 배울 수 있어요.

과학 도서를 통해 표현된 다양한 과학자들의 이야기는 아이들에게 회복력, 노력, 결단력의 중요성을 가르치며, 성공은 노력과 인내의 결과라는 것을 이해하도록 돕습니다. 또한, 다양한 배경의 과학자들을 소개함으로써 고정관념을 깨고, 나도 과학 세계에서 성공할 수 있다는 것을 보여줍니다.

결국, 과학 도서는 아이들이 기술과 과학의 발전을 이해하고, 현대 세계에서 필요한 지식을 얻도록 도와줍니다. 또한 함께 책을 읽으며 대화를 나누는 활동은 아이들이 학교와 인생에서 성공적으로 나아가는 데 필수적인 기술을 개발하는 데 기여합니다.

아이들에게 과학 도서를 읽어 주는 것은 아이들이 체계적인 사고 방식을 배우며, 문제 해결 능력과 비판적 사고 능력을 키우는 데 도움이 됩니다. 이는 아이들이 복잡한 상황을 헤쳐 나가고, 정보에 입각한 결정을 내릴 수 있도록 해 줍니다.

둘째, 자연 속에서 보물을 찾듯이 자연을 탐험하고 생명 과학에 관심을 가지는 보물찾기입니다. 보물찾기 놀이는 아이와 함께 밖으로 나가 나뭇잎, 돌, 꽃, 곤충 등을 찾아보고 아이가 발견한 자연을 관찰하고 설명하는 것입니다. "이 나뭇잎은 어떤 모양이지? 색깔은 무슨 색인 것 같아?" 또는 "개미들은 지금 어디로 가고 있을까?"와 같은 질문을 해 보세요.

보물찾기를 마친 후, 발견한 것 중에서 제일 기억에 남는 것을 이야기하고 아이가 관찰한 것을 간단하게 그림으로 그리거나 글로 써 봅니다. 생명을 관찰하는 시간을 만들기 위해 식물 씨앗을 심어 정기적으로 물을 주고 성장하는 과정을 관찰해 봅니다. 또는 공원이나 자연 생태계 관찰을 할 수 있는 곳을 방문하여 동물들을 관찰하고 관심있는 동물에 대한 공부를 과학 그림책이나 온라인에서 찾아보면 좋습니다.

가족 여행을 보물찾기 놀이나 생명 관찰을 쉽게 할 수 있는 곳으로 자주 떠나거나 집 인근의 공원을 이용하는 시간을 자주 만드는 것을 권합니다. 온 가족이 식물을 키우는 것은 과학 공부이면서 생명 존중과 배려를 알 수 있는 인성교육이기도 합니다.

셋째, 물리 과학과 기상 관측 등을 생활 속에서 접해 볼 수 있는 간단한 실험을 계획하여 아이와 함께 하는 방법입니다. 주방에서 빵이나 쿠키를 만들 때 베이킹 소다와 식초를 섞어 탄산 반응을 만들기, 비닐 봉지에 아이스크림 만들기, 우블렉(Oobleck) 슬라임 만들기, 식초로 고무 달걀 만들기 등과 같은 실험을 해 보는 것입니다.

생활 속에서 재료를 쉽게 구할 수 있고 과학적 원리가 바탕이 된 실험들은 제일 먼저 과학 그림책이나 온라인에서 먼저 알아보고 실험 주제와 실험 계획을 세우는 것이 첫 단계이죠. 그 다음 준비물을 갖추어 순서대로 실험을 하는 것이 좋습니다. 이때 실험복을 아버지의 헌 와이셔츠로 간단하게 대신 하면 진짜 과학자가 된 것 같은 느낌이라 아이가 좋아합니다.

맑은 날 그림자가 생기면 바닥에 그림자를 그리는 놀이로 하루 동안 시간대를 다르게 하여 여러 번 그림자를 그려 보면 지구의 자전이나 태양의 움직임을 알 수 있어요.

기상예보를 들어 보고 매일 기온, 강수량, 구름 등을 기록해 보거나 내일의 날씨를 가족들이 예상해 보고 누가 잘 예측했는지 놀이 방식으로 접근하는 것도 재미있어요.

레고 같은 블록, 자석 블럭 등 다양한 만들기를 평소에 해 보면서 설명서를 보고 만들기, 내 마음대로 만들기를 해 보면 순서나 설명서 보는 것에 익숙해질 수 있어요. 과학 원리를 바탕으로 만들어 판매하는 과학 키트를 만들어 보는 것도 좋아요. 과학 키트를 활용할 때에는 과학적 원리를 꼭 먼저 찾아보아야 합니다. 이런 활동들이 바탕이 되어 3학년이나 4학년부터 과학 상자로 기계 장치를 만드는 기초를 배울 수 있어요.

과학은 저학년 때 공부로 접근하는 것이 아니라 놀이하는 것처럼 접근해야 합니다. 과학적 원리는 쉽게 그림이나 사진을 통해 알고 설명서를 보고 만들면서 논리적 순서가 있음을 알아갑니다. 엄마가 주방에서 사용하거나 집에서 흔히 보는 재료로 신기한 반응이 일어나는 실험들은 상식을 늘리면서 호기심을 만족시켜 주기 때문에 책을 더 보고 싶은 욕구를 일으키게 되지요.

과학 그림책, 과학 관련 책, 과학 잡지, 과학 실험, 만들기, 자연 현상 관찰, 식물 키우기, 동물 관찰이나 키우기 등 초등학교 1학년부터 꾸준하게 접한다면 중, 고등학교 과학이 두렵지 않게 됩니다. 어릴 때부터 과학에 참여하는 어린이는 비판적 사고 능력과 주변 세계에 대한 호기심을 키웁니다. 또 놀이로 쌓은 과학적 상식은 흥미있게 과학을 바라보게 합니다. 따분하고 복잡한 과정을 늘어놓고 많은 원리를 외워야 하는 시험 과목으로 과학을 바라보는 학생은 분명 다른 성과를 냅니다.

집안이 조금 어지럽게 되어도 아이와 재미있는 과학 놀이를 하고 호기심으로 반짝이는 과학책 읽기를 시도해 보세요.

카네기식 소통으로 마음을 전해요

1학년 해수는 인지 능력과 언어 능력이 현저히 떨어졌다. 친구들과 잘 어울리지 못하고 수업을 방해하는 일이 잦았다. 1학년을 맡은 옆 반 선생님은 두 달 정도 지나서 최대한 사실만 학부모에게 알렸다. 조심스럽게 병원에 가서 정확한 검사를 받아 보시라고 이야기했다. 해수 어머니는 화를 내지는 않았지만, 더 지켜보겠다고 완강하게 말했다. 해수는 수업 받기가 어려웠고 친구들을 방해하고 때리기까지 했다. 해수가 수업을 받기에는 무리가 있었다. 싫다는 해수를 달래어서 겨우 교실에 앉혀 두는 일이 반복됐다. 옆 반 선생님은 그때마다 어머니와 통화를 했지만 이미 거절한 검사를 권하는 말은 다시 꺼내지 못해 걱정이 많았다.

이런 상황처럼 상대가 말을 듣지 않고 고집대로 하겠다고 할 때 카네기식으로 대화하여 온전히 받아들일 수 있도록 대화할 수 있다. 이는 말을 듣지 않는 자녀에게도 효과적이다.

첫째, 말하는 사람은 다른 사람의 관점, 즉 그 상대 혹은 아이의 걱정과 기대를 진심으로 읽고 이해해야 한다. 이를 테면 "해수 어머니, 해수가 공부하는 것에 대해 걱정이 많으시죠. 그 마음 충분히 이해해요."라고 말하는 것이다. 이런 방식으로 아이에게도 너의 마음에 대해 이해하고 있다는 점을 이야기한다.

둘째, 상대 혹은 아이에게 칭찬과 긍정적인 소통을 하는 방식이다. 상대의 노력을 칭찬하고, 긍정적인 면을 강조한다. 예를 들어, 어쩌다 해수가 수학 문제를 잘 풀었을 때, "어머니의 정성 덕분입니다. 정말 잘하고 계십니다."라고 말한다. 우리 자녀에게는 잘한 점을 구체적으로 이야기하며 칭찬을 하면 된다.

셋째, 상대 혹은 아이의 말을 들을 때, 마음을 다한 경청을 하고 이해를 돕는 질문을 하면 좋다. 다른 이의 말을 주의 깊게 듣고, 이해를 돕기 위해 질문한다. 예를 들어, "해수가 어제 집에서는 어땠나요? 제가 지난번 말씀드린 학교에서의 모습과 비교해 보면 어떤 차이가 있을까요?"라고 물어볼 수 있다. 아이의 말을 잘 듣고 혼내는 것이 아니라 궁금한 점을 질문한다.

넷째, 상대 혹은 아이에게 희망적인 메시지 전달해야 한다. 문제 상황이 더 좋아진다거나 아이의 발전 가능성을 강조하고, 긍정적이고 희망적인 언어를 사용합니다. 예를 들어, "해수가 활달한 친구이니, 도움 받으면 금방 좋아질 거예요. 그거 아세요? 스티븐 스필버그도 ADHD가 있었지만 영화제작자로서 세계적인 성공을 거두었어요. 아인슈타인은 언어발달이 지체됐고, ADHD가 있을 수 있다고 하잖아요. 그런데 상대성 이론과 같은 뛰어난 업적을 남겼잖아요. 해수, 곧 좋아질 겁니다."라고 말할 수 있다. 이런 방식으로 아이에게도 어렵거나 잘 못하는 점을 강조하는 것이 아니라 앞으로 더 잘할 수 있다는 점을 여러 예시를 들어서 이야기할 수 있다.

이처럼 카네기식 대화법은 다른 학부모나 선생님, 자녀와 어려운 주제로 대화할 때 매우 유용하다. 다른 사람의 입장에서 진심으로 관심을 갖고, 신뢰를 바탕으로 문제 상황을 긍정적인 언어로 구체적으로 전달하는 것이 중요하다.

학부모와 대화할 때 필요한 카네기식 대화법을 1학년 담임인 옆 반 선생님께 알려 줬다. 그 선생님은 카네기식 대화 방법을 지혜롭게 활용했다. 부모 입장에서 진심을 다해 해수 어머니와 소통할 준비를 했다.

그 결과 해수 어머니는 검사를 받아보겠다고 했다.

"말하길 잘했어요. 해수가 검사하고 병원에 다니면서 놀이 치료를 병행했더니 학교생활이 아주 좋아졌어요."

해수가 특수학급에 들어가고 여러 방면으로 지원받으면서 해수 부모님의 어깨가 이전보다 훨씬 가벼워졌다. 학교와의 소통 또한 편해졌다.

담임 선생님이 아이에 대해 조심스럽게 꺼내는 말을 긍정적으로 받아들이길 바란다. 주변의 시선이나 상황을 인정하기 싫은 경우 나는 이렇게 말해 주고 싶다.

"어머니, 다른 사람을 보지 마시고 자식만 생각하세요. 체면이 중요한

가요? 자식이 중요한가요?"

학생을 위해 관심을 갖고 이야기하는 교사는 학부모의 반대 편이 아니다.

4장

슬기로운 학부모생활

거짓말하는 아이

아이를 키우다 보면 어느 날은 햇빛이 쨍쨍 맑은 날이었다가, 비가 주룩주룩 내리고, 천둥 번개마저 치는 날도 있습니다. 거짓말은 부모가 알아차리기 어려운 행동 중 하나입니다. 하지만 지속적인 관심으로 빨리 알아차리는 것이 좋습니다.

부모가 자녀에 대한 많은 고민 중에 거짓말은 아이의 인생이 달린 일 같아서 너무 심각하게 대처하다가 핵심을 놓치는 일도 많습니다. 아이가 왜 거짓말을 했는지 이해하고 부모가 실용적인 해결책을 찾아야 합니다.

4월 초에 한 학부모가 학교 전화로 목소리를 높였습니다. 그날 급식실에서 심한 장난을 친 혜영이의 어머니였는데 자기는 아무 잘못 없는데 선생님께 자기만 혼이 났다고 했기 때문입니다.

장난을 같이 친 미진이는 그 자리에서 잘못을 인정하고 지저분해진 식탁을 치우려고 애썼지만 혜영이는 끝까지 자기는 하지 않았다고 했습니다. 결국 친구들이 거짓말이라고 비난하자, 어쩔 수 없이 인정하였습니다.

"다음부터는 솔직하게 말해. 선생님은 혼 안 낼 거야."

이런 말을 붙이고 뒷정리를 돕게 했을 뿐인데 어머니의 전화를 받으니 당황스러웠습니다. 자초지종을 말하고 정확히 전달하지 않은 것 같다고 했습니다.

"아, 내가 착각했나 봐요."

혜영이 어머니는 사과도 없이 전화를 황급하게 끊었습니다.

혜영이는 집에서 귀여운 막내였지만 5학년 오빠와 중학생 언니 모두 공부나 행동 면에서 주변 칭찬을 많이 받고 있었습니다. 혜영이는 언니를 많이 의식하고 있었습니다.

얼마 뒤, 학부모 상담에 혜영이 어머니와 마주 앉아서 혜영이의 거짓말에 대해 이야기하게 되었습니다.

"학교에서 그 일이 있고 지난주에는 학원에서 연락이 왔는데 과제를 계속 안 해 온다고 했어요. 저한테는 숙제가 없다고 했거든요. 딸아이가 하는 거짓말이 보여서 많이 혼을 냈어요. 그런데도 소용이 없어요. 혼날 것 같은 일에 대해 물어보면 뻔히 보이는 거짓말을 하니 너무 걱정이 됩니다. 어제는 오빠가 때렸다고 거짓말했어요. 오빠가 미워서 그랬다고 해요. 거짓말을 하는 것이 습관으로 되면 어떻게 해요?"

어린이가 거짓말을 자주 할 때 부모는 당연히 걱정스럽습니다. 그러나 초등학교 1학년은 발달단계 상 거짓말을 가장 많이 할 수 있는 시기입니다.

대부분 아이들은 거짓말은 나쁜 것이며, 거짓말을 할 경우에 자기에게 주어질 것이 무엇인지 알고 있습니다. 가끔 상상으로 만들어낸 이야기와 현실을 구분짓지 못하는 발달 수준인 아이일 경우에 거짓말이 어떤 의미를 가지는지 모를 수 있습니다.

거짓말을 하는 아이들에게 이유를 물어보면 혼나기 싫어서, 무서워서, 싸웠을 때, 하기 싫어서, 샘이 나서, 얄미워서 등 다양한 이유에서 거짓말을 하게 되었다고 했습니다.

부모가 아이의 거짓말을 발견했을 때, 가장 중요한 것은 상황을 인정하고 받아들이는 것입니다. 이 과정에서 부모는 아이의 마음을 이해하고, 거짓말이 좋지 않다는 점을 인식시켜야 합니다. "너의 거짓말로 인해 엄마는 아프고 슬펐어."와 같이 감정을 전달하는 것이 효과적입니다.

아이들이 거짓말을 자주 하는 이유는 주로 혼나는 것을 피하고, 현재 상황에서 원하는 결과를 얻고자 하는 욕구 때문입니다. 이러한 경향은 아이가 자신을 보호하려는 본능적인 반응일 수 있습니다.

부모는 아이에게 거짓말이 원하는 결과를 가져오지 않으며, 진실이 더 좋은 결과를 가져올 수 있다는 점을 가르쳐야 합니다. 이를 통해 아이는 정직함의 가치를 배우고, 더 건강한 소통 방식을 익힐 수 있습니다.

이러한 접근은 아이가 거짓말을 통해 얻고자 하는 것을 이해하고, 진정한 감정을 표현하는 방법을 배우는 데 큰 도움이 될 것입니다.

첫째, 거짓말을 하는 원인을 알고 솔직하게 이야기할 수 있는 가정환경이 필요합니다. 거짓말의 원인은 아이의 상황에 따라 다릅니다. 자신에 대한 부정적인 생각과 불안감으로 인해 사람들은 자신이 아닌 사람처럼 보이기 위해 거짓말을 하기도 합니다. 언어 능력의 부족으로 아이들은 자신의 감정이나 생각을 거짓말로 하거나 과장된 이야기를 만들어내기도 합니다.

어떤 이유에서든 거짓말은 믿음을 약하게 하고 갈등을 일으킬 수 있습니다. 그러므로 부모와 자녀 간의 신뢰 관계를 구축하는 것이 가장 중요합니다. 아이가 부모에게 솔직하게 자신의 감정과 생각을 표현할 수 있는 환경을 만들어 주어야 합니다. 이를 위해 부모는 아이의 말을 경청하고, 공감하며, 판단하지 않는 태도를 보여야 합니다.

좋은 해결 방법은 자녀와의 대화 시간을 늘리고, 자녀의 관심사와 취미생활, 스트레스를 푸는 활동을 함께 하는 것입니다. 이렇게 함으로써 부모님과 자녀 간의 유대감을 높이고, 아이가 솔직하게 이야기할 수 있는 환경을 만들 수 있습니다. 혜영이 부모는 혜영이의 거짓말에 대해 화내고 엄하게 비난하지 말고, 이유를 들어 보아야 합니다. 그에 맞는 대처 방법을 아이에게 제시해야 합니다.

구구절절 긴말이 잘 안 통하는 경우 그림책을 활용하면 좋습니다. 추천할 그림책은 카트린 그리브의 《거짓말》입니다. 함께 읽고 주인공의 마음을 이야기해 보는 시간을 가지면 좋습니다. 이 그림책은 거짓말을 하는 아이의 심리를 빨간색으로 표현했는데, 빨간색의 거짓말이 점점 커지고 많아지는 그림을 통해 아이들은 스스로 거짓말이 어떻게 변하는지 알 수 있습니다.

둘째, 자기 자신의 감정을 표현하도록 하여 자존감을 높여 주세요. 아이의 자존감을 높이기 위해서는 감정을 자유롭게 표현할 수 있는 환경을 조성하는 것이 중요합니다. 특히 저학년 아이들의 경우 감정을 언어로 표현하기 어려울 수 있기 때문에, 그림 그리기와 같은 시각적 방법을 활용하면 도움이 됩니다.

매일 또는 며칠에 한 번씩 아이와 함께 그림을 그리며 감정을 표현해 보거나, 평소 좋아하는 보드게임을 하며 아이의 마음을 열고 감정 표현 대화를 나눌 수 있습니다.

'감정 표현 게임'을 통해 아이가 겪고 있는 감정을 표현하도록 격려하거나, "오늘 나는 ___하게 느껴."라는 문장으로 시작하여 아이의 감정 표현을 유도할 수 있습니다. 그림 그리기가 어려운 경우에는 시중에 판매되는 감정 카드를 활용하는 것도 좋습니다.

감정 표현 게임

1. 감정 카드 준비하기

다양한 감정을 표현한 그림 카드나 단어 카드를 준비한다. 행복, 슬픔, 화남, 두려움, 짜증 등의 기본적인 감정부터 자부심, 호기심, 실망 등의 복합적인 감정까지 다양하게 준비한다. 이때 직접 만들어도 좋고 구입해도 된다.

2. 게임 방법 설명하기

부모가 먼저 게임 방법을 설명한다.

"오늘은 감정 표현 게임을 해 볼 거야. 이 카드들에는 여러 가지 감정이 적혀 있어. 엄마가 카드를 뽑아서 어떤 감정인지 말하면, 그 감정을 느껴 본 적이 있는지 얘기해 보는 거야."

3. 게임 진행하기

부모가 먼저 카드를 뽑아 감정을 말하고, 그 감정을 느껴 본 적이 있는지 이야기한다. 예를 들어 "엄마가 뽑은 감정은 '행복'이야. 엄마는 친구들이랑 재미있게 놀 때 행복해요."라고 말하고 아이에게 차례를 넘긴다.

4. 대화 나누기

아이가 감정을 말하면 부모는 공감과 관심을 표현하며 대화를 이어간다. "그때 어떤 일이 있었는지 더 말해 줄래?", "그 감정이 어떤 느낌이었는지 설명해 줄 수 있어?" 등의 질문으로 아이의 감정을 깊이 있게 탐색한다.

부모가 아이의 거짓말을 알게 되었을 때, 말 표현에 신중해야 합니다. '거짓말'이라는 부정적인 단어보다는 '자세하게 설명해 달라'고 요청하는 것이 좋습니다.

예를 들어 "오빠가 널 때려서 우는 게 맞아? 솔직하게 말해 봐." 보다는 "혜영이가 오빠한테 화가 많이 나서 우는구나. 어떤 일이 있었는지 자세하게 말해 줄래?"라고 표현하는 것이 더 부드럽고 효과적입니다.

이러한 활동을 통해 아이는 자신의 감정을 표현하는 법을 배우게 되고, 그 과정에서 자존감이 향상될 것입니다. 부모는 아이의 감정을 존중하고 공감하는 태도를 보여 주어야 합니다.

셋째, 아이에게 확실한 믿음을 주세요. 아이들이 부모에게 거짓말을 하는 경우, 종종 자신이 잘못한 일을 숨기고 혼나는 것을 피하려는 마음이 깔려 있습니다. 이러한 상황에서는 거짓말이라는 인식보다는 아이의 감정을 이해하고 공감하는 것이 중요합니다.

부모가 처음 아이의 이야기를 들을 때 "너의 말은 거짓말이야. 엄마는 안 믿어."라는 태도로 접근하면, 아이와의 신뢰 관계가 형성되지 않습니다. 대신, 아이의 말을 50% 정도 수용하는 마음가짐을 가지고, 담임 선생님과의 통화를 통해 상황을 파악하는 것이 좋습니다. 아이의 말을 무조건 믿고 학교 쪽이나 친구 부모에게 강하게 나가면 예상치 못한 결과를 초래할 수 있습니다.

거짓말을 알게 된 후에는 긍정적인 태도로 접근하고, 일상 대화에서 자연스러운 질문을 통해 아이의 생각을 듣고 이해하는 것이 중요합니다. 자녀가 변화의 징후를 보이고 거짓말을 그만두도록 하기 위해서는, 자신이 신뢰받고 있다는 것을 강하게 느낄 수 있도록 해야 합니다. 아이가 정직한 행동을 할 때 칭찬하고, 정직함을 강조하면 아이는 더욱 정직해질 것입니다.

자녀의 말에 대해 의심하는 듯한 질문을 하거나 "정말이야?"라고 물어보는 것은 아이의 행동에 부정적인 영향을 미칠 수 있습니다. 예를 들어, "숙제 했어?"라고 묻기보다는 "숙제는 언제 할 계획이야?"라고 눈을 마주치며 질문하는 것이 좋습니다. "~했어?"라는 질문은 아이가 쉽게 거짓말할 수 있는 기회를 주기 때문에, 대신 다음에 무엇을 할 것인지 물어보면 아이는 자연스럽게 계획에 대해 이야기할 수 있습니다. 만약 계획이 없다면, 함께 계획을 세우고 다음 활동을 준비하는 것도 좋은 방법입니다.

이러한 접근을 통해 아이는 부모의 신뢰를 느끼고, 정직하게 자신의 감정을 표현할 수 있는 환경을 조성할 수 있습니다.

정리하면 부모는 자녀가 정직한 습관을 키우도록 믿음의 기반을 구축하여 자존감을 높이고 긍정적인 가정환경을 조성하면 좋습니다. 효과적인 의사소통을 통해 부모는 자녀가 긍정적인 선택할 것을 신뢰하며 성장할 수 있는 힘을 자녀에게 실어주는 것이 중요합니다.

부모를 믿지 못하는 아이

부모들은 가끔 자녀들에게 거짓말을 사용하지만, 자녀는 거짓말을 하면 크게 꾸짖고 못하게 훈계를 합니다. 부모나 선생님은 항상 거짓말은 나쁜 것이다, 하면 안 된다고 꾸준하게 가르쳐 왔는데 어느 날 부모나 어른들의 거짓말을 알아차리게 된다면 어떻게 될까요?

자녀 교육에서 착한 거짓말이니까 괜찮을까요?

초등 3학년 수진이는 엄마의 말에 너무 부정적으로 반응해서 어머니는 걱정이 많았습니다. 사건의 발단은 놀이 동산에 가기 전에 너무 겁을 내고 걱정하길래 한 말이었습니다.

"청룡 열차 같은 거는 안 무서워. 너보다 작은 영은이도 잘 탄다고 하더라. 걱정하지 마."

그런데 놀이동산에 다녀와서부터는 엄마 말을 믿지 않고 아빠한테 다시 확인하는 일이 생겼습니다. 아빠가 이유를 물어 봤습니다.

"엄마 말은 다 거짓말이야. 거짓말하는 사람은 나쁘잖아."

청룡 열차를 직접 타 보니 생각보다 무서웠고 영은이랑 이야기해 보니 그 아이는 겁이 많아 아예 놀이 기구를 안 타는 아이였습니다. 나쁜 뜻으로 한 거짓말이 아닌데 엄마의 마음을 이해 못 하는 상황이 된 것입니다.

우리는 좋은 의도로 거짓말을 하는 경우가 있습니다. 자녀들의 미소와 안정감을 지키며, 세상을 더 편안하게 경험하도록 도와주기 위한 몇 가지 좋은 거짓말을 할 수도 있습니다. 예를 들어, 가족의 중요한 비밀을 숨겨야 할 때나 상황에 맞지 않은 정보를 피해야 할 때가 있을 수 있습니다. 이때 부모는 자녀의 이해 수준을 고려하고 그에 맞게 적절한 거짓말이 섞인 설명을 하게 됩니다.

또, 어린이들이 불안한 상황이나 곤란한 순간을 겪을 때, 부모는 요정이나 마법, 신 같은 이야기를 들려주곤 합니다. 이렇게 하면 자녀들은 상상력을 키우며 긍정적인 마음을 유지할 수 있습니다.

일부 어린이들은 편식할 수 있고 처음 보는 것은 아예 먹지 않겠다고 할 때가 있습니다. 이때, 부모는 다른 친구나 형은 이 음식이나 영양제를 먹고 키가 많이 컸다거나 맛있다고 아주 많이 먹었다는 거짓말을 하여 먹도록 유도할 수 있습니다.

외출할 때 어린이들이 주의를 기울이도록 하려면, 부모님들은 길을 걷다가 무서운 동물이나 사람이 나타날 수 있다고 겁을 주는 거짓말을 하기도 합니다. 그럼 부모에게 집중하며 따라 다니려고 합니다.

아프거나 다친 곳이 있을 때, 부모는 "이 약을 먹고 빨리 자면 금방 아픔이 사라진다."라고 이야기하기도 합니다. 이렇게 하면 자녀는 실제보다 아픔을 덜 느끼고, 안정된 마음으로 잠에 들게 됩니다.

이렇게 선한 의도로 자녀에게 하는 몇 가지 거짓말은 자녀들의 성장과 발달에 긍정적인 영향을 미칠 수 있습니다.

반면 착한 거짓말이 자녀와의 관계에 해를 끼칠 수도 있습니다. 아이들은 부모를 정확하고 신뢰할 수 있는 정보의 원천으로 여기기 때문입니다. 부모가 거짓말을 했다는 것을 아이가 알게 되면, 아이는 자신을 의심하고 심지어 거짓말을 하는 부모의 행동을 흉내낼 가능성이 높을 것입니다.

〈사이언스 데일리(Science Daily)〉에 실린 한 연구에서는 아이들이 자신에게 거짓말을 하는 사람에게도 거짓말을 하는 경향이 있다고 언급했습니다. 자신에게 거짓말을 한 사람들에 대한 약속을 지킬 필요가 없다고 느낀다는 것입니다.

좋은 의도의 거짓말이라도 자녀에게는 오히려 부정적인 영향을 줄 수 있습니다. 예를 들어, 부모님이 몸에 좋은 어떤 음식을 먹이기 위해서 맛있다고 거짓말하면서 먹게 하면, 자녀는 그 음식을 시식해 보았을 때 실망하여 다시 먹지 않을 수도 있습니다.

거짓말로부터 얻는 정보가 모순되거나 믿을 수 없는 내용이라면, 자녀들은 혼란스러워지고 사고력 발달에 좋지 않은 영향을 줄 수 있습니다. 예를 들어, 부모님이 어린이에게 부정적인 경험을 미리 말하지 않고 미화되고 착각을 하도록 말하면, 자녀는 현실을 이해하고 판단을 제대로 내리기 어려울 수도 있습니다.

자녀들은 어려운 상황에서 거짓말을 통해 성장하는 기회를 놓칠 수 있습니다. 부모님이 어려운 진실을 감추기 위해 거짓말을 하면, 자녀들은 문제 해결과 대처 방법을 배우는 기회를 상실할 수 있습니다.

그렇다면 부모가 자녀의 이해와 신뢰를 중요하게 생각하며, 모범을 보이면서 솔직하고 올바른 대화를 하도록 노력하는 방법은 어떤 것들이 있을까요?

첫째, 거짓말에 대해 같이 이야기 나누어 보세요. 이때까지 거짓말을 흑백 논리로 이야기해 왔다면 부모의 거짓말에 대해 반감을 느끼는 순간부터 이제부터는 거짓말이 필요한 순간도 있다는 것을 이야기할 필요성이 있습니다. 어른의 논리로 이야기한다면 변명처럼 들리기 때문에 저는 그림책을 활용하기를 권합니다.

바로《사실대로 말했을 뿐이야!》라는 그림책으로 '예쁘게 진실을 말하는 방법'이라는 부제가 붙어 있습니다. 첫 장면에서 주인공은 엄마에게 거짓말을 하다가 혼이 납니다. 그래서 사실대로 말할 것이라고 다짐합니다. 그리고 친구를 만나서 친구의 새 옷을 보고 칭찬하는 대신 솔직하게 양말에 구멍 났다고 말합니다. 이웃집 아주머니의 정원을 솔직하게 정리가 잘되지 않아 밀림 같다고 해서 화를 나게 만들어요. 이런 상황은 상대를 진심으로 생각하며 사실을 조심스럽게 이야기해야 하며 사실이라도 상처를 받을 수 있으니 조심스럽게 말해야 함을 알게 해주는 그림책입니다.

이 책을 읽은 수진이는 엄마의 걱정스럽지만 청룡 열차의 재미를 알았으면 좋겠다는 마음을 깨달았다고 이야기했습니다.

사실대로 말하는 것도 중요하지만 그 말을 하는 마음에 상대방을 진심으로 생각하고 배려하는 마음과 사랑을 담겨 있다는 것을 이야기하면 됩니다.

둘째, 자녀에게 솔직하지만, 자녀 상황에 맞는 맞춤형 설명을 제공하는 방법입니다. 착한 거짓말 대신 거짓말을 대체할 수 있는 맞춤형 설명을 제공하는 방법으로 자녀들에게 단순하면서도 진실한 정보를 제공하며, 그들의 호기심을 만족시켜 주면서 시도하고 싶은 마음이 드는 것이 중요합니다.

자녀가 새로운 음식을 먹고 싶어 하지 않을 때, 보는 것과 실제가 다른 경험을 이야기하고 부모님은 그 음식의 맛을 놓쳤을 때 아쉬움을 이야기해도 좋습니다.

“얼마 전에 네모 모양에 맛 없어 보이는 초콜릿을 막상 먹었더니 엄청 맛있었던 거 기억나? 새로운 음식을 먹어 보는 것은 모험과도 같아. 처음 보는 음식이 낯설게 느껴질 수 있지만, 그 음식을 먹어 보지 않으면 어떤 맛인지 모르고 지나갈 수도 있어. 만약 그 초콜릿을 안 먹었다면 넌 어떤 기분일 것 같아?”

자녀가 무언가에 대한 불안감을 느낄 때, 부모님은 그 상황에 대해 진실한 정보를 제공하면서 불안감을 극복할 수 있도록 도와줄 수 있습니다. 예를 들어, 어린이가 처음 가는 병원의 의사 진료를 거부할 때 이렇게 말해 보세요.

“그 의사 선생님은 네가 아픈 발을 살펴봐 주시는 사람이야. 이런 방법으로 진료를 받으면 더 건강해질 수 있어.”

구체적인 진료 방법을 알려 주면서 효과에 대해 설명합니다. 이렇게 하면 어린이는 의료 절차의 중요성을 이해하며 불안감을 더 쉽게 극복할 수 있습니다.

셋째, 자녀가 착한 거짓말을 알게 된 경우 솔직하게 설명해 주세요. 부모로서 어린이의 건강하고 안전한 성장을 보호하는 것은 매우 중요합니다.

때로는 어린이를 지켜 주기 위해 선한 거짓말을 하는 상황이 발생할 수 있습니다. 그러나 이때 자녀가 더 큰 이해와 지식을 갖게 되면서, 차츰 진실을 알게 되었을 때 올바른 설명과 대화를 통해 그들의 혼란을 해소해 주어야 합니다. 가족 내에서 부모는 적극적으로 이야기를 들어 주고, 감정을 확인하고, 판단하지 않고 질문하고, 자녀가 어려운 주제인 이혼이나 경제적 어려움을 이야기할 때 침착하게 반응함으로써 개방적인 분위기를 조성할 필요가 있습니다.

수진이 어머니처럼 자녀가 부모의 착한 거짓말을 알게 된 경우입니다.

"널 위해 그런 거야. 그럴 수 있지 뭐."

이렇게 이야기하고 그냥 넘어간다면 진실성에 대한 신뢰에 금이 갈 수 있습니다. 거짓말을 하지 말라고 했는데 부모가 했다고 괜찮다고 이야기한다면 논리적으로 혼란을 줍니다. 그렇기에 이유를 잘 설명해 주어야 합니다.

크리스마스에 찾아오는 산타클로스 할아버지의 선물이 진짜는 부모님 선물이라는 사실을 처음 접하는 자녀 중에서 배신감을 느끼는 경우가 많습니다. 그럴 때 산타클로스가 생긴 이유와 실제로 있는 산타클로스의 마을 등 여러 사실을 알려 준다면 새로운 사실을 알게 된 점이 긍정적으로 작용할 것입니다.

자녀를 바르게 키우기 위해 애를 쓰는 부모의 입장에서 거짓말을 하는 아이는 정말 큰 문제라서 생각합니다. 자녀의 입장에서도 똑같다는 점을 잘 기억하시고 현명하게 대처해 나가시길 바랍니다.

폭력적인 아이

"또 때렸어요? 전부 우리 아이 잘못인가요?"

기철이는 3학년으로 아주 산만하고 틈만 나면 친구들을 괴롭히고 때려서 주변에서 말이 많았습니다. 어머니는 가정에서 아무 문제가 없다고 했지만, 기철이 밑으로 동생이 두 명이고 맞벌이라서 돌봄을 못 받고 있었습니다. 기철이는 친구를 때리고 나서는 적반하장으로 맞은 아이보다 더 큰 소리로 억울하다며 고래고래 소리를 질렀습니다. 꼬마 악동인 기철이는 교사의 말을 무시하며 공부 시간에도 자리에 앉아 있지 않았습니다. 원인 모를 분노가 있는 기철이에게 어머니의 다그침은 효력이 짧았습니다.

기철이가 아끼는 포켓몬 카드를 동생들이 찢었습니다. 엄마는 "네가 형이니까 참아.", "동생들한테 포켓몬 카드를 먼저 줬으면 이런 일도 안 일어났을 거 아니니?", "그러게 왜 너만 갖고 놀았어. 그러니까 이런 사달이 나지!"라고 되려 한 소리를 했습니다.

늘 이런 식이었습니다. 기철이는 가정에서 받은 스트레스를 해소하지 못한 상태로 학교에 오게 되는 것입니다. 기철이는 학교에서 누가 조금이라도 기분이 나쁘게 하면 쌓였던 분을 참지 못하고 곧잘 주먹을 휘두르게 되었습니다.

부모가 자주 싸워 불안이 높아진 경우, 형제 관계에 금이 가고, 부모의 무관심으로 아이는 마음을 붙일 데가 없습니다. 또 동생만 편애하는 경우나 부모에게 자주 혼나는 경우 등 아이에게 자꾸 쌓이는 스트레스는 복리 이자처럼 부풀게 됩니다. 차곡차곡 쌓인 스트레스는 학교에서 폭발할 수밖에 없습니다.

첫째, 아이와 신뢰 관계를 회복한 후 훈계를 하도록 합니다. 기철이 어머니와 기철이에게 30분~1시간 정도 짧은 시간이라도 같이 보내면서 신뢰 관계를 회복하는 것을 권했습니다. 엄마가 바깥일을 해서 시간이 없다는 것을 아이들은 잘 알고 있습니다. 그러니 관심의 양이 아니라 질임을 잊지 않고 잠깐이라도 밀도 높게 아이에게 집중해야 합니다. 축구나 인형 놀이와 같은 아이가 좋아하는 활동을 함께 하는 시간을 가지는 것이 좋습니다. 고요히 아이와 눈을 맞추며 "사랑해."라고 이야기해 보는 것도 필요합니다.

이렇게 아이와 신뢰부터 쌓은 다음에 교육해야 합니다. 우호적인 관계를 깔고 단호하게 말해야 합니다. 어떤 상황에서도 '때리는 것은 절대 해서는 안 될 일'이라고 훈육해야 합니다. 학교에서 문제를 일으키고 있는 자녀를 부모가 체벌하는 것은 오히려 폭력을 학습시키는 효과를 가져옵니다.

둘째, 아이가 먼저 충분히 설명할 수 있는 기회부터 줘야 합니다. 아이에게 일이 일어난 이유와 과정을 들은 후 깊이 공감해 주고 해결 방법을 찾는 것이 중요합니다.

구구절절 얘기하는 것보다 밀치고 뺏는 것이 더 빠르다는 것을 아는 아이, 동생을 때리면 엄마의 관심이 갑자기 집중되는 것을 아는 아이, 그런 아이들은 기철이와 같은 상황이 되면 그 행동을 반복할 수 있습니다. 기철이도 형이긴 하지만 엄마의 사랑이 고픈 아직 저학년 어린아이일 뿐입니다.

친구를 때린 행동을 알게 되었다면 부모님은 그 이유를 찾고 해결할 수 있는 방법을 찾아야 합니다. 우리 아이가 절대 그럴 일 없다면서 부정하는 것은 아이에게도 도움이 되지 않습니다.

아울러 '친구를 다치게 하면 안 된다'는 것을 이해할 수 있게 가르쳐야 합니다. 만약 그 이유를 쉽게 이해하지 못하면 아이는 비슷한 문제를 반복할 것이기 때문입니다.

"영민이가 내 발을 밟고 지나갔어."

"그랬구나. 많이 아팠지? 멍이 들지 않았어? 속상했겠다."

"괜찮아."

"그런데 그때 영민이가 사과하지 않았어?"

영민이가 실수로 기철이 발을 밟았습니다. 사과하려는 영민을 기철이가 바로 때리는 사건이 일어났습니다. 기철이는 영민을 때려 놓고 오히려 화를 내며 소리를 쳤지요.

이럴 때 '내가 아파도 친구가 사과할 때까지 기다려주기'와 같은 방법을 확실하게 알려 주는 것이 필요합니다. 그리고 친구에게 꼭 사과하도록 해 주어야 합니다.

셋째, 부모는 아이가 착한 행동을 했을 때 크게 칭찬해 주어야 합니다. 공격성이 나타나는 아이의 일반적인 특징이 있습니다. 평소에는 관심을 받지 못하다가 잘못된 행동을 했을 때, 놀란 부모는 과도한 반응을 하게 됩니다. 그 반응은 자기가 받은 유일한 반응 혹은 드문 반응이기 때문입니다. 다음에도 부모의 좋지 않은 반응이라도 받고 싶은 마음에 공격적인 행동을 하는 원리라고 합니다. 그런 아이를 부모는 혼을 내고, 반응하고 또 혼을 내는 상황이 반복되다 보니 아이의 공격적인 성향이 강화된 것입니다.

이러한 행동이 반복되지 않도록 아이가 친절하고 착한 행동을 했을 때 그 즉시 과하게 칭찬하면 좋습니다. 처음에는 아주 드문 일이기 때문에 아이의 좋은 행동을 발견할 수 있는 매의 눈이 필요하겠습니다. 아이의 행동을 긍정적인 시선으로 관찰하는 것이 필요합니다. 빨래한 옷을 잘 개서 자기 옷장에 넣은 일처럼 엄마를 도와주는 작은 일에도 아낌없이 칭찬해 줘야 합니다.

"동생을 잘 보살피고 같이 놀아 줘서 고마워."

이런 일상적인 행동에 대한 칭찬 표현을 자주자주 해 줘야 합니다.

만일 칭찬할 만한 행동을 하지 않고 있다면, 일부러 역할을 줘 칭찬해 주면 됩니다.

"동생이 떼썼는데 기철이가 양보해 줬구나. 동생을 배려해 줘서 고맙구나."

이렇게 평소에 아이에게 바랐던 덕목 즉 '배려'나 '양보'라는 단어를 넣어서 칭찬해 주시면 효과 만점입니다.

백은하의《꽃잎 아파트》는 배려에 대해 알려주는 그림책입니다. 이처럼 기본적인 인성 덕목에 대해 알려주는 그림책을 읽고 배려를 아이와 생각해 보면 좋겠습니다.

다른 학부모와 교사에게 '우리 아이가 그럴 리 없습니다.', '괜히 그렇게 행동하겠느냐?' 등 방어하기에 급급하지 말고 우리 아이의 미래에 집중해 문제를 해결하고자 하는 마음이 제일 중요합니다.

게임을 너무 좋아하는 아이

5학년 수철이를 혼자 돌보는 아버지는 아들과의 충돌이 너무 잦아서 위기감을 느꼈습니다.

"저는 이혼 후에 아들을 친구처럼 대하면서 즐겁게 생활하고 있었어요. 남자끼리 통하는 것이 얼마나 많습니까? 화끈하게 몸 장난을 치기도 하고 제가 아들이 좋다고 하는 것은 거의 다 해 주는 편이었어요. 특별히 게임한다고 야단을 치지도 않았어요. 학기 초에 학부모회 모임을 갔는데 엄마들이 힘들다고 이야기해도 '우리는 안 그래' 이렇게 생각했는데 요즘 우리 집도 어렵습니다. 5학년이 되기 전 4학년 말부터 아들이 저랑 이야기를 잘 안 하고 스마트폰만 보더라고요. 그날 저녁에도 슬쩍 보니 게임을 하고 있었어요. 지나가는 말로 '30분만 해라.' 했지만 2시간 후에 가도 변화 없는 자세로 열중하는 모습을 보고 화가 너무 났어요. 스마트폰을 바로 압수하고 혼을 냈어요. 아들이 막 시작했는데 그런다고 저보다 더 화를 내고 엉엉 우는 것입니다. 황당해서… 그 이후로 아들과 저는 데면데면합니다. 화해하려고 이야기하다가 게임 이야기만 나오면 아들은 말을 안 하고요."

초등학교 5학년 아들을 키우는 헌신적인 아버지로서 아들이 게임에 과도한 시간을 할애할 때 걱정되는 것은 당연합니다. 그런데도 우리 부모들은 화를 내는 대신에 어떻게 하면 아들과 소통을 잘할 수 있을지 살펴볼 필요성이 있습니다.

부모로서, 자녀가 게임에 관한 관심이 점점 더 커지는 것을 느낄 때가 있습니다. 작년 아니 몇 달 전에는 아니지만 요즘 그런 모습을 발견하셨다면 자녀가 느끼는 게임의 매력을 이해하는 것이 중요합니다. 또래의 영향, 현실 도피, 즐거움 등 게임에 대한 관심이 높아진 이유를 파고들면 부모와 자녀, 세대를 연결하고 관계를 강화하는 대화를 시작할 수 있습니다.

수철이 아버지는 대화를 위해 공통된 소통의 고리를 찾는 동시에 아들의 게임 관심사를 이해하고 포용하기 위한 자세한 통찰력을 가지고 실용적인 전략을 세워야 합니다.

첫째, 게임의 매력을 이해해 주세요. 게임의 매력을 이해하고 아들이 좋아하는 이유를 찾아보면 좋습니다. 많은 이유가 있을 수 있습니다. 게임에 대한 아들의 관심은 게임을 즐기고 이야기하는 또래의 영향을 받을 수 있습니다. 이러한 영향을 인정함으로써 게임 문화의 일부가 되고 친구와 연결하려는 마음에 공감해 주도록 합니다.

"친구들이랑 친하게 지내려면 그 게임을 잘하는 게 필요했어?"

"응, 영호가 그 게임 제일 잘하는데 친구들이 전부 영호랑 친해지려고 애를 써. 나도 그 아이들이랑 놀려면 게임을 잘해야 해."

"그렇구나. 그 게임이 어떤 건지 말해 줄 수 있어? 궁금하네."

이렇게 작은 관심을 표하면 수철이는 게임에 대해 설명해 줄 것입니다. 호응해 주면서 가만히 들어 주면 됩니다.

또 현실 도피와 감정의 분출이 원인인지 살펴볼 필요가 있습니다. 게임은 현실과 다른 부분이 있어서 자녀가 다양한 세계, 도전 및 모험을 경험할 수 있도록 할 수 있습니다. 그것은 스트레스와 정서적 해방을 위한 건강한 배출구 역할을 할 수도 있습니다. 스릴 넘치는 퀘스트를 해결하기 위해서 RPG 게임을 진행하거나 쉽고 단조로운 슈팅 게임 등 다양한 게임을 하는 것은 아이들에게 분명 신나고 매력적인 일일 것입니다. 이러한 게임을 할 때 기분이 어떻고 어떤 도움이 되는지 이야기를 나누어 보면 좋습니다. 어려운 현실에서 벗어나기 위한 도피처로 선택을 하고 있는 것은 아닌지 살피면서 이야기를 나누어 볼 필요가 있습니다.

부모의 긍정적인 인식과 관심이 자녀의 게임 행동에 영향을 미칩니다. 이는 부모가 게임을 단순한 놀이가 아닌, 아이들에게 중요한 취미 활동이자 친구들과 소통하는 수단으로 인식하는 것을 의미합니다. 부모가 이런 관점에서 게임에 대해 이해하고, 아이들과 게임에 대해 적극적으로 대화를 나누는 것이 중요합니다. 이를 통해 부모님과 자녀 사이의 소통이 개선되고, 아이들이 게임을 건강하게 즐길 수 있도록 도와줄 수 있습니다.

혹은 게임을 하는 이유가 아이의 단순한 즐거움과 개인적인 성취의 측면일 수 있습니다.

게임은 공부나 일상생활에서 쉽게 느끼지 못하는 퀘스트 완료, 기술 습득, 다른 사람과의 경쟁을 통해 즐거움과 성취감을 제공합니다. 자녀가 게임에서 얻는 즐거움을 느끼고 성취감을 느낄 수 있습니다. 무조건 못 하게 하면 큰 즐거움을 부모가 빼앗는 것으로 생각할 수 있습니다. 이런 점을 염두에 두고 아들과 공통점을 찾아보면 좋습니다.

게임의 매력을 이해하는 것도 중요하지만 의미 있는 대화와 공유 경험을 촉진할 수 있는 공통점을 찾는 것도 똑같이 중요합니다. 수철이가 플레이하는 게임, 캐릭터 또는 스토리 라인에 대해 구체적인 질문을 해 보는 겁니다.

"넌 요즘 무슨 게임을 하고 있니? 아빠가 잘한 게임은 ○○게임이야. 보물을 찾으러 가는 스토리야."

"아빠, 저는 △△게임을 좋아해."

"이거 어렵겠는데?"

"에이, 쉬워요. 아빠한테 어렵지 않을 것 같아."

"그래? 오, 그렇구나. 이렇게 하는 거야?"

수철이와 수철이 아빠는 스마트폰 화면으로 보여주는 게임을 통해 이런 대화를 통해 아버지와 계속 소통을 하며 게임을 같이 느껴집니다. 그런 느낌을 받으면 게임에 대한 아버지의 의견이 자녀와 달라도 자녀는 훨씬 잘 받아들일 가능성이 커집니다.

둘째, 아이와 공감이 가능한 다양한 관심사를 찾고 소통해 보세요. 공감 가능한 관심사를 찾고 적극적인 청취와 공감으로 아들의 관점을 더 잘 이해할 수 있도록 합니다. 경험한 것을 이야기 나눌 때 가끔 게임 경험과 관련시키면서 공감을 표현합니다. 또, 개방형 질문을 사용하여 대화를 유도하고 아들로부터 생각과 감정을 이야기하는 시간을 가지면 좋습니다.

"요즘 하는 게임인데 정말 재밌는 게임이야! 우리는 팀으로 협력해서 함께 재미있는 모험을 하거나 경쟁 전을 벌이기도 해요. 내가 특히 좋아하는 게임이야."

"그런데, 게임을 하면서 어떤 감정을 느끼는지 궁금해. 네가 게임을 할 때 어떤 기분이 드는지 말해 봐. 그때 어떤 생각이 들어?"

"게임을 할 때는 정말 설레고 즐거워. 그리고 성공했을 때 기분이 너무 좋아. 어려운 레벨이나 문제를 해결하고 나면 자신감도 생기고 보람을 느껴요."

"그런 기분을 이해할 수 있어. 나도 예전에 어떤 게임을 하면서 그런 기분을 많이 느꼈어."

"정말? 궁금해! 어떤 게임이었어요?"

"예전에 어떤 어드벤처 게임을 했어. 그때는 극적인 상황에서 팀원들과 협력해야 했어. 하지만 한 번 실패해서 많이 당황했던 적이 있었어. 그 순간에는 내가 어떻게 할지 막막했지만, 다시 도전하고 해결했을 때는 진짜 신이 났지."

"맞아요. 저도 성공해서 제가 진짜 마법사가 된 것 같아 좋았어요. 하지만 실패해서 친구랑 싸운 적도 있어요."

"친구와 왜 싸웠어? 속상했겠다."

"제가 실수했는데 친구가 욕을 하잖아요. 전에 나는 친구가 잘못해서 미션에 실패한 적이 있었는데 그냥 넘어갔거든요. 그런데 친구는 화를 내고."

"욕을 들어서 화가 많이 났겠네. 그럴 때는 어떤 생각이 들었어?"

무조건 게임을 금지하며 소통을 하지 않는 것보다는 이런 방식으로 이야기를 해 나간다면 게임을 하는 아들의 이야기에서 아들의 교우 관계와 마음에 대해 두루 소통하는 기회가 될 수 있습니다.

또 공통의 관심사를 게임이 아닌 스포츠, 예술, 야외 활동으로 자연스럽게 바꾸어 나가는 것을 적극적으로 시도해야 합니다. 함께 요리하기, 산책하기, 보드게임하기, 캠핑 가기, 야구나 축구 같은 스포츠 경기 관람하기, 전시회 관람하기, 음악회 가기 등등 주말에 시간을 만들어 다녀오면 좋습니다. 게임에 쏠리는 마음과 몸을 직접 움직이고 보고 듣는 활동으로 관심을 끄는 것은 모든 전문가들이 권하는 것입니다.

셋째, 게임 시간에 대한 규칙을 아이와 함께 만들어야 합니다.

아이들이 게임을 좋아하고 놀이 시간을 즐기는 것은 자연스러운 일입니다. 그러나 책임감과 학업을 조절하면서 놀이 시간을 균형 있게 조절하는 것은 매우 중요하고 어려운 일입니다. 따라서 이러한 균형을 유지하기 위해 가족들끼리 상호 합의된 규칙을 만드는 것이 좋습니다.

규칙을 만들 때 가장 중요한 것은 아이들과 함께 그 과정을 진행하는 것입니다. 아이들이 규칙 설정에 참여하고 자신의 의견을 제시할 수 있도록 하는 것이 필요합니다. 이를 통해 아이들은 규칙에 대한 책임감과 주인의식을 느끼게 되며, 협력과 책임감을 배울 수 있습니다. 예를 들어, 아이들과 함께 회의를 열어 게임을 어디서, 언제, 얼마나 할 것인지, 그리고 어떤 조건에서 게임 시간을 조정할지 등을 함께 논의해 보는 것이 좋습니다.

그리고 학업에 대한 우선순위를 두어야 함을 분명하게 이야기해야 합니다. 게임 시간을 놀이 시간으로 즐길 수 있도록 하기 위해 아이들과 학업에 대한 목표와 계획을 먼저 세우는 것이 좋습니다. 예를 들어, 공부를 마친 후에나 숙제를 끝낸 후에만 거실 같이 누구나 볼 수 있는 공간에서 게임을 즐길 수 있도록 하는 등의 규칙을 만들면 됩니다. 이를 통해 아이들은 당연히 노는 시간으로 인식하는 것이 아니라 공부가 끝난 후에 잠깐 쉬는 시간으로 게임을 즐기게 될 것입니다.

규칙을 만들기 위해 잊지 말아야 할 것은 장소와 게임 시간 제한을 설정하고 단호하게 지키게 하는 것입니다. 게임은 중독성이 있으므로 아이들이 너무 많은 시간을 게임에 할애하지 않도록 조심해야 합니다. 예를 들어, 어디서 하루에 몇 시간 동안 게임을 할 수 있는지, 주말에 몇 시간을 할 수 있는지 구체적인 게임 제한 시간을 정하고 각 통신사의 스마트폰 사용 시간을 제한하는 앱을 활용하는 것도 좋습니다. 이때 자녀의 주장을 너무 많이 반영하거나 자녀의 억지로 부모가 어느 날은 허용하고 어느 날은 허용하지 않는다면 게임 제한 시간이 지켜지지 않을 가능성이 매우 큽니다. 그러므로 게임 제한 시간을 신중하게 정하고 정해진 시간은 꼭 지킬 수 있도록 부모들이 노력해야 합니다. 그리고 자녀가 둘 이상이라면 누구에게나 똑같은 규칙을 적용해야 합니다. 실제로 중학생이니까 게임 시간을 지키고, 저학년이니까 봐 주고 이런 식으로 운영한 가정에서 중학생 아들이 반발을 심하게 하는 경우도 보았기 때문입니다. 중요한 것은 감시자로서 부모보다 게임 중독을 같이 막아내는 동반자로서 부모가 되는 것입니다.

우리 아이의 마음과 상황을 면밀하게 살펴서 원칙을 세우는 전략을 만들어야 합니다. 아이와 소통을 막지 않고 회복적 대화를 이어나가면 자녀와의 관계를 회복할 수 있을 것입니다. 비난하고 혼내는 것이 아니라 과도한 게임을 하는 것을 걱정하는 부모의 마음과 자녀가 스스로 부모에게 이해받고 가치 있다고 느끼는 환경을 조성하는 것이 제일 중요하다는 것을 기억해야 합니다.

부모는 끊임없는 인내심, 눈치껏 찾아야 하는 공감 포인트, 대충 대답하는 아이와 의미 있는 대화를 이어가는 노력 등을 해야 합니다. 이를 통해 자녀가 현재보다 넓고 풍부한 삶의 각 시간 시간을 알차게 보낼 수 있는 학교생활을 하고 가족과 친구와의 지속적인 관계를 구축할 수 있을 것입니다.

우리 아이는 똥고집쟁이

지호 엄마는 지호의 고집에 손발 다 들었습니다. 책을 읽는 아이에게 밥 먹고 읽으라고 하면 나중에 먹겠다고 하고 영어학원에 가라고 하면 재미없다고 안 가겠다고 합니다. 1학년 초에는 엄마가 화를 내면 어느 정도 넘어갔지만 점점 힘들어지고 있다고 합니다.

"저는 그애 고집을 못 이기겠어요. 선생님이 어떻게 해 주세요."

학교생활에서 문제가 생겨 상담을 하다 보면 이렇게 아이의 고집을 어떻게 할 줄 모르는 부모가 있습니다.

어떤 어른들께 이런 상황을 말씀드리면 "초장에 확 고집을 꺾어야 해."라고 조언을 해 주십니다.

맞는 부분도 있는 조언이라 생각합니다.

고집의 원인은 여러 가지입니다. 아이들은 나이가 들수록 자연스럽게 자신의 삶에 대한 더 많은 독립성과 통제력을 원하고 부모의 관심을 끌기 위해 그런 행동을 할 수 있습니다. 이런 아이들은 고집을 부리면 주목을 받거나 반응을 이끌어 낸다는 것을 배웠을 수도 있습니다.

어떤 아이는 실수나 실패가 두려워 변화나 새로운 경험을 하지 않으려고 고집을 부릴 수 있어요. 단순하게 강한 성격을 갖고 있으며 자신이 강하게 느끼는 문제에 대해 자신의 입장을 고수하려는 아이도 있을 수 있고 의사소통의 방법을 잘 몰라 자신의 의지를 전달하려고 고집을 부리게 될 수도 있습니다. 또는 갑자기 이사를 간다거나 일상 중 변화를 겪는 아이들 중 미리 알려주지 않았다며 저항을 할 수도 있어요. 아이들은 발달 과정의 일부로 일부러 주변에 어른들이 정한 규칙과 한계를 뛰어넘으려는 경우도 많습니다.

아이들은 저마다 고유한 성격 특성과 성향을 갖고 있으며 고집도 그중 하나로 고집 센 아이들의 성향을 보면 대체로 높은 지능과 창의성을 가지고 있습니다. 많은 질문을 하는 스타일로 때때로 반항으로 표현하는 경우도 있습니다. 이런 아이들은 자신만의 입장을 가지고, 자신의 의견을 관철하기를 원합니다.

고집스런 경우, 아이의 발달에 긍정적인 영향으로 자신이 좋아하는 일을 하려고 독립적으로 행동하기도 하고, 결단력 있게 움직입니다. 때로는 지배적으로 보일 수 있는 명확한 리더십 기술을 가지고 있습니다. 그러나 지나친 고집은 부정적인 면을 보여줍니다. 독단적이고 흥미가 없으면 잘 움직이지 않으며 교실에서 아이들과 협력하고 타협하는 것을 어려워할 수 있습니다.

아이의 고집은 부모, 교사 또는 다른 힘이 있는 사람과 권력 투쟁으로 이어질 수 있습니다. 아이가 너무 고집이 세서 부모나 선생님의 피드백이나 제시한 대안을 고려하지 않는다면, 학습하고 지적으로 성장하기 어려울 수 있습니다. 또 자기 생각을 바꾸지 않기 때문에 자신의 시야를 넓힐 수 있는 새로운 아이디어나 경험을 할 수 있는 기회를 놓칠 수 있어요.

부모는 아이가 고집이 센 행동을 하는 이유를 알면 불필요한 싸움과 갈등을 피하면서 아이의 이유에 공감하고 인내심을 가지고 아이를 바라볼 수 있어야 합니다. 고집스런 아이와 부모가 서로 존중하고 신뢰한다면 아이는 자신의 자아를 키우고 부모는 타협, 문제 해결, 효과적인 의사소통 등을 가르칠 수 있습니다. 긍정적인 부모와 자녀 관계를 조성할 수 있습니다.

부모가 자신의 말을 듣지 않는다고 느끼면 반항적으로 될 수도 있습니다. 대부분의 경우, 자녀가 무언가를 하겠다고 고집할 때, 자녀의 말을 듣고 무엇이 자녀를 괴롭히는지 공개적으로 대화하는 것이 효과적인 문제 해결에 도움이 될 수 있습니다. 예를 들어, 아이가 점심을 안 먹으려고 짜증을 낸다면 억지로 먹이지 마세요. 대신, 왜 먹고 싶지 않은지 물어보세요. 배가 아프기 때문일 수 있어요.

첫째, 자녀와 논쟁이 아닌 대화로 고집의 원인을 파악하며 아이와 부모 자신을 객관적으로 살펴야 합니다. 고집을 내세우는 아이가 부모의 말을 듣길 원한다면 먼저 아이의 말을 듣는 것부터 시작하여 아이의 관점을 이해하면 좋아요.

"점심을 가족끼리 먹으러 가기로 했는데 갑자기 안 가겠다고 해서 저도 이야기하고 아빠도 이야기하고 몇 번을 이야기했는데 무시하고 자기 방으로 가 버렸어요. 쾅 닫은 문을 열고 일단 선생님 말씀처럼 화를 참고 평범하게 물었죠. 넌 어떤 의견인데?"

지우 엄마가 이번에는 전략을 바꾸어서 물었더니 신기하게 생선이 싫다고 해서 생선을 먹지 않고 다른 음식을 선택하니 무난하게 점심을 먹으러 갔다는 이야기였어요.

이럴 때 아이는 문제 상황에 강한 의견을 갖고 논쟁할 생각인데 자신의 말을 듣지 않는다고 느끼면 반항적으로 될 수도 있어요. 자녀가 무언가를 하겠다고 고집할 때, 아이의 말을 듣고 무엇이 괴롭히는 것인지 대화하는 것이 효과적인 문제 해결에 도움이 될 수 있습니다.

그렇다고 부모의 권유에 맞서는 고집에 대해 소통도 없이 아이의 고집에 져 주는 것은 아닙니다.

'우리 아이는 아직 어리고 나는 어른이니까 내가 참아야지. 자라면 괜찮겠지?'

이런 생각으로 한 수 접어 주는 것을 반복하면 얼마 가지 않아 아이와 마찰이 더 커질 수 있습니다. 아이의 마음속에 나의 부모가 이미 내 아래에 있는 존재라 인식이 되면 협상이나 대화의 필요성을 느끼지 못하여 고집이 더 커지고 말아요. 그러면 타당한 부모의 말을 듣지 않고 부모를 무시하는 경우를 많이 봤습니다.

소통하는 것과 더불어 아이의 고집스러운 행동은 단순한 성향이 아니라 다양한 환경적 요인에 의해 형성되고 영향을 받는지 객관적으로 살펴봐야 합니다.

이를 이해하기 위해 가정환경, 학교 및 친구 관계, 문화적 및 사회적 배경 등을 살펴보는 것이 중요합니다. 이때 가정환경과 부모, 자녀에서 먼저 요인을 찾아야 하며 바깥 원인으로만 치부하면 근본적인 원인을 찾기 어려울 것입니다.

둘째, 아이가 원하지 않는 일을 강요하지 말고 몇 가지 선택권을 주세요. 강요하고 화를 내는 부모에게 아이는 반항적으로 자기의 힘을 과시하기 위해 안 되는 일을 하려고 만할 것입니다.

아이가 숙제는 안 하고 게임을 계속하겠다고 고집을 내세우면 잠시 게임을 같이하거나 게임에 관심을 보이며 이야기를 나누어 보세요. 이렇게 하면 동지애가 생기고 인정받은 느낌을 받아요. 잠시 후 다시 자녀에게 물어볼 수도 있고, 가까이 앉아 다른 일을 할 수도 있습니다.

이때, 아이에게 숙제를 해야 한다고 말하는 것은 아이의 반항심을 유발할 수 있습니다. 대신, 인터넷 쇼핑할 때 색깔을 고르는 옵션창처럼 선택권을 몇 가지 주면 좋아요. 이렇게 하면 무엇을 하고 싶은지 알고 아이 스스로 자신의 삶을 통제할 수 있는 자기 결정권이 있다고 느껴요. 선택을 제한하여 혼돈을 줄이기 위해 두세 가지 선택사항으로 최소화하면 더욱 좋아요.

숙제를 해야 한다면, "도대체 언제 할 거니?"라고 따지듯이 묻는 대신 "저녁을 먹고 하는 것은 어때?", "책을 읽고 나서 숙제를 해 볼래?", "사과를 먹을거야? 바나나를 먹을거야?"와 같이 아이가 의견을 선택할 수 있도록 해 주세요.

그런데도 계속 고집을 부리면서 "아무 것도 안 먹을 거야!"라고 할 수도 있습니다.

그럼 화를 내거나 큰 소리를 내지 말고, "엄마가 말한 선택사항이 아니야."라고 말하고 선택사항을 여러 번 동일한 말과 행동을 아주 침착하게 반복하면 됩니다. 부모가 초조하거나 재촉하는 기분을 드러내지 않고 말하면 자녀가 포기할 가능성이 높습니다.

셋째, 안정적인 가정환경을 조성하고 자녀의 긍정적인 행동을 강화하려면 부모가 먼저 모범을 보여야 합니다. 부부 사이의 불화와 잦은 다툼은 자녀에게 부정적인 영향을 끼치며, 이는 아이의 말투, 사고방식에도 좋지 않아 학교생활에서 여러 부정적인 행동으로 이어질 수 있어요. 따라서, 부모는 자신의 행동을 되돌아보고 긍정적인 역할 모델이 되어야 합니다.

부모의 양육 태도는 자녀의 감정, 행동, 인지 발달에 직접적으로 영향을 미치기 때문에 과잉보호, 무관심, 일관성 없는 규칙 설정과 같은 부정적인 양육 태도는 피해야 합니다. 이러한 태도는 자녀의 자존감을 저하시키고 진취적인 사고방식과 행동으로 이끌기 어렵습니다. 반면, 긍정적인 양육 태도는 자녀에게 안정감과 자신감을 심어 주며, 사회적, 정서적, 인지적 발달에 긍정적인 영향을 미칩니다.

자녀가 부정적인 행동을 보일 때, 부모는 그 원인을 이해하고 긍정적인 대응 방법을 찾아야 합니다. 예를 들어, 자녀가 "하지 않겠다." 또는 "아니다."라고 부정적으로 반응할 때, 이는 부정적인 행동이 강화되었음을 의미합니다. 이럴 때, 부모는 긍정적이고 부드러운 방식으로 자녀와 소통하며, 긍정의 대답을 유도하는 질문과 행동을 함으로써 긍정적인 환경을 조성하면 좋습니다.

'무조건 예, 아니오로 말하기' 게임을 해 보세요. 규칙으로는 서로 존댓말을 사용하기와 모든 것에 "예" 또는 "아니오"라고 간단하게 대답하기입니다. 이때 부모는 의도적으로 예라고 대답할 질문을 하면 더욱 좋습니다.

"초콜릿을 좋아하시죠, 그렇죠?"

"포토카드를 모으는 걸 좋아하시나요?"

이런 놀이를 통해 자녀가 긍정적으로 반응할수록 자기의 말이 인정받는다는 느낌을 더 많이 받게 됩니다.

자녀의 감정을 이해하고 공감하는 것도 중요합니다. 자녀가 자신의 감정을 표현할 수 있도록 도와주고, 긍정적인 감정 표현을 장려하며, 부정적인 감정을 해소하는 방법을 함께 고민해야 합니다. 이 과정은 자녀의 정서적 성장을 돕고, 부모와 자녀 사이의 신뢰와 이해를 증진시킵니다.

자녀에게는 규칙과 규율이 필요하며, 자신의 행동에 대한 결과가 있음을 인식시켜야 하지요. 이때 중요한 것은 결과가 즉각적이어야 하며, 자녀가 자신의 행동을 결과와 연결할 수 있도록 해야 합니다. 이를 통해 자녀는 행동이 잘못되었음을 인식하고, 부모는 훈육을 통해 긍정적인 변화를 유도할 수 있습니다.

문제에 따라 타임아웃, 놀이 시간 단축, TV 시청 시간 단축, 사소한 집안일 할당 등이 잘못된 행동과 연결되게 자녀를 훈육하는 것이 좋습니다. 벌을 주는 것이 아닌 자녀 스스로 나의 행동이 잘못 되었음을 알게 하는 것이 중요합니다.

결국, 안정적인 가정환경을 만들고 긍정적인 행동을 강화하기 위해서는 부모의 긍정적인 역할 모델, 자녀의 감정 이해 및 공감, 그리고 일관된 긍정적인 양육 태도가 필수적입니다. 이러한 접근은 자녀가 건강하고 행복하게 성장하는 데 도움을 줄 것입니다.

고집을 피우는 아이에게 화를 내고 짜증을 내며 대하거나 고집을 그냥 두어도 된다고 생각하거나 고집을 꺾으면 아이의 기가 꺾일 것 같아 힘들지만 참기도 합니다. 성장 과정에서 다양한 일들이 발생하며, 어느 시점에서 고집은 발달 단계의 일부로, 이를 현명하게 극복한다면 아이는 행복한 어린이로 성장할 것입니다.

성장 과정에서 겪는 여러 도전들 중에서도, 자녀의 고집은 부모와 자녀 모두에게 중요한 발달 단계 중 하나입니다. 이를 통해 아이들은 독립적인 사고와 자기 주장을 형성하고 현명하게 극복한다면 아이는 행복한 아이로 성장할 수 있어요. 따라서, 부모는 자녀의 고집을 단순한 반항이 아닌, 자아 발달의 필수적인 부분으로 이해하고 적극적으로 지원하는 자세가 필요합니다.

부모가 자녀의 고집에 현명하게 대응함으로써, 자녀는 자신의 감정과 욕구를 표현하고 조절하는 방법을 배울 뿐만 아니라, 문제 해결과 대인 관계 기술을 개발할 수 있습니다. 이 과정에서 중요한 것은 부모의 인내심과 지속적인 지지, 그리고 긍정적인 소통 방식을 통한 모범입니다.

결론적으로, 자녀의 고집은 성장과 발달의 중요한 과정으로, 이를 지혜롭게 관리하고 긍정적으로 지원하는 부모의 역할이 중요합니다. 이를 통해, 자녀는 자신감을 갖고 사회적으로 건강한 성인으로 성장할 수 있는 기반을 마련할 수 있습니다. 부모와 자녀가 함께 성장하고 배우는 이 여정은, 결국 더 행복하고 조화로운 가정 환경을 조성하는 데 기여할 것입니다.

Teacher's diary

회복탄력성, 아이의 정서적 강인함 키우기

김주환의 《회복탄력성》에서 양육 환경이 가장 열악한 아이들 201명을 선별하여 어떻게 자라나는지 진행한 추적 연구에 대해 나온다. 어려운 환경에서 태어난 아이들이 모두 범죄자나 사회 부적응자가 될 것이라는 가설을 세웠지만 3분의 1인 72명은 별문제를 일으키지 않았다. 그 중 밝고 명랑하며 공부를 잘한 아이들을 더 조사한 결과 어떤 공통점을 찾았다. 그 아이를 무조건으로 믿고 이해해 주고 받아 주는 단 한 명의 어른이 있었기 때문에 환경을 이겨내고 잘 자랐다는 것이다.

우린 무조건 믿어 주고 이해해 주고 받아 주는 단 한 명의 어른일까?

경아는 소위 엄친아였다. 머리는 매일 예쁘게 묶고 옷은 귀엽고 빛이 나는 아이였다. 하지만 제일 많이 하는 말은 "못하면 어떻게 해요?", "안 하면 안 되나요?"와 같은 걱정 섞인 말이었다. 수학 문제가 맞으면 너무 신이 났고, 쉬는 시간에 옆에 와서 재잘재잘 이야기했다. 그러나 틀리면 얼굴이 어두워지고 울상이었다. 한두 개만 맞는 짝은 신나게 노는데 하나만 틀린 경아는 나라를 잃은 표정이었다.

엄격한 부모의 조건에 맞추려고 애를 쓰는 아이, 실망스런 말을 들으면 스스로 일어나지 못하는 아이, 자신에 대해 부정적이며 자신의 능력을 의심하는 아이, 어려운 상황이나 도전적인 활동을 피하는 아이, 학교에서 집중하기 어렵거나 학업 성취도가 낮은 아이, 스트레스나 불안으로 인해 두통, 배앓이 같은 신체적 증상이 있는 아이 등 다양하다.

경아 같은 아이는 회복탄력성이 낮은 아이다. 회복탄력성은 크고 작은 어려움, 시련, 실패를 발판으로 더 크게 자라는 마음의 근력을 말한다. 시련에 대한 탄성은 그 사람이 경험한 삶에 따라 다르다.

회복탄력성이 낮다면 앞으로 학교생활에서 문제가 생길 수 있다. 변화를 위해서 가장 중요한 것은 부모의 기준을 낮추고 긍정의 눈으로 반응하는 것이다. 현재 자녀의 회복탄력성이 낮은 것은 부모의 기준이 너무 높거나 부정적 반응, 낮은 관심일 가능성이 높기 때문이다.

우선, 작은 성공을 제공해 보자. 작은 성공을 경험할 수 있는 기회를 제공함으로써 학생의 동기부여를 높이는 데 도움이 될 수 있다. 학습 목표를 세우고 이를 달성하는 데 도움이 되는 일상적인 습관을 형성해 보면 좋다. 그러면 스트레스 상황에서도 감정을 잘 조절하고, 부정적인 감정을 긍정적으로 전환할 수 있다.

예를 들어 수학에서 아이에게 난이도가 적절한 문제를 푸는 과정에서 학생이 오답을 내더라도, 어느 부분에서 틀렸는지 이해하고 다시 풀게 한다. 그리고 정확한 답을 찾는 순간, 그 작은 성공을 축하하고 칭찬해 주면 된다.

"이런 걸 틀리면 어떻게 해? 학교에 가서 너 혼자 못해서 망신당하고 싶어?"

이런 말보다 칭찬을 해 주어야 한다.

"마음이 급해 덧셈을 뺄셈으로 풀어서 틀린 모양이네. 그런데 이 문제는 계산을 정확하게 했네. 혼자서 이렇게 맞다니 정말 대단하구나."

이렇게 작은 성공을 통해 아이는 실패나 실수를 학습의 기회로 보고, 어려움에서도 긍정적인 측면을 찾으려고 노력하여 회복력 있는 태도를 기를 수 있다. 그리고 자기 효능감을 키워 주고 관심을 표현하자.

자신의 능력을 신뢰하고, 자신이 상황을 긍정적으로 영향을 미칠 수 있다고 믿어야 회복탄력성을 기를 수 있다. 주변 기준에 맞추어 자기의 능력을 낮게 생각하는 아이는 점점 학업에 흥미를 잃어갈 수 있다. 그뿐만 아니라 학교생활에서 무관심과 나태함이 나타날 수도 있다.

그것을 방지하기 위해서 꾸준한 소통과 관심을 표현하는 것이 중요하다. 학생의 학습 상황을 이해하고, 어려움에 대해 이야기할 수 있는 안전한 환경을 조성해 주자. 학업에 관심을 보이고 학생의 성과에 긍정적인 피드백을 제공해 주는 것은 학생이 자신을 중요하게 생각하고 노력하는 동기를 부여받게 된다.

부모가 아이의 관심사, 선호하는 학습 방식, 어려움을 겪는 부분 등을 알아 보고 대화를 통해 아이의 의견을 듣고 존중하는 자세를 보여 줌으로써 학생은 자신의 의견이 중요하게 생각되고 존중받는다는 느낌을 받을 수 있다.

아이가 궁금한 점이나 어려움을 느낄 때, 성실하게 대답하여 자녀 스스로 이해하고 있는지 확인할 수 있으며, 더 깊은 수준의 학습을 진행할 수 있다.

마지막으로 잘하는 것에 집중하자. 자녀가 잘하는 부분에서 구체적인 목표를 세우고, 이를 달성하기 위해 지속적으로 노력하도록 지도하면 좋다.

모든 아이는 자신만의 강점과 장점을 가지고 있다. 학업에서 자신감을 갖고 흥미를 높이기 위해서는 자신이 잘하는 부분에 초점을 맞추는 것이 중요하다. 어떤 과목이든 자신에게 도전적이고 흥미로운 측면을 찾아봐야 한다. 자신의 장점을 살려 학업에 참여하고 성과를 얻을 수 있을 때, 공부에 대한 흥미와 동기가 자연스럽게 생겨날 것이다.

경아는 관찰력이 좋아서 그림을 잘 그리지만 수학은 약한 편이다. 그러다 보니 그리기에 집중할 수 있다. 아이에게 다양한 주제와 형식의 표현 과제를 주고, 자유롭게 자신의 생각과 감정을 다양하게 표현할 수 있는 기회를 주면 좋다. 또한, 그림에 대한 피드백과 칭찬을 통해 능력을 인정해 주고 동기부여하면 좋다.

대부분 부모는 잘하는 그림이 아니라 못하는 수학에 집중하여 더 많은 돈과 시간을 투자한다. 물론 수학에 신경을 쓰지 말라는 것은 아니다. 못하는 수학은 작은 성공이라도 칭찬해서 자신감을 길러 주어야 한다.

수학에 투자하는 돈과 시간을 비슷하게 경아가 잘하는 그림에 투자

하면 어떤 성과를 거두게 될까? 목표를 구체적으로 정해 집중하도록 도움을 주면 수학보다는 훨씬 유의미한 자질이 피어날 것이다. 자신의 재능을 꽃 피우게 되면 모든 일에 자신감이 있고 이미 경험한 성공 경험을 바탕으로 잘 안되는 것에 움츠러들지 않게 된다. 수학의 부족한 점에 대해 적극적으로 달려들어 회복탄력성을 키울 수 있다.

모든 부모는 회복탄력성이 높은 아이를 원한다. '엄친아'라는 단어처럼 모두 다 잘하는 아이는 그냥 만들어지는 것이 아니다. 엄친아의 부모가 회복탄력성을 죽이지 않고 칭찬하고, 훈계하고, 적절한 도움을 주어서 이루어진 것이다. 회복탄력성이 높은 아이들은 일반적으로 더 행복하고, 학업이나 다른 생활 영역에서 더 성공적인 경향이 있다. 이러한 능력은 자연적으로 타고나기도 하지만, 부모, 교사, 그리고 주변 환경의 지원과 격려를 통해 개발되고 강화될 수 있다.